川西地区绿色全域生态及
文化旅游产业升级与 ESG 投资

黄 雷 著

中国农业出版社

北 京

图书在版编目（CIP）数据

川西地区绿色全域生态及文化旅游产业升级与 ESG 投资 / 黄雷著. —北京：中国农业出版社，2023.5
ISBN 978-7-109-30669-1

Ⅰ.①川… Ⅱ.①黄… Ⅲ.①地方旅游业－旅游文化－旅游业发展－研究－川西地区②地方旅游业－环保投资－研究－川西地区 Ⅳ.①F592.771

中国国家版本馆 CIP 数据核字（2023）第 076642 号

川西地区绿色全域生态及文化旅游产业升级与 ESG 投资
CHUANXI DIQU LÜSE QUANYU SHENGTAI JI WENHUA LÜYOU CHANYE SHENGJI YU ESG TOUZI

中国农业出版社出版

地址：北京市朝阳区麦子店街 18 号楼
邮编：100125
责任编辑：王秀田　　文字编辑：张楚翘
责任校对：吴丽婷
印刷：北京中兴印刷有限公司
版次：2023 年 5 月第 1 版
印次：2023 年 5 月北京第 1 次印刷
发行：新华书店北京发行所
开本：700mm×1000mm　1/16
印张：10.75
字数：200 千字
定价：78.00 元

前　　言

本书首先对川西地区的旅游资源进行了介绍，其次对川西地区游客满意度影响因素进行了分析，并基于此构建了川西地区游客满意度评价体系。之后探讨了川西地区全域旅游发展机制的构建、全域旅游智慧平台的应用、旅游产业发展及产品开发。在文化产业发展与节能减排的大环境之下，发展川西地区文化产业不可避免要考虑到如何实现文化产业发展与自然环境保护的平衡问题。在保护环境的大前提下有序发展川西地区旅游业，从而实现人与自然和谐共处，这是川西地区文化产业发展的一个大目标。这个理念与 ESG 以及 ESG 投资的核心观点十分契合，因此我们研究了川西地区文化产业升级与 ESG 投资的发展情况，并对川西地区目前全域旅游的发展情况进行了多方面的展示。最后总结了川西地区发展全域旅游对当地经济发展的促进作用，并与全域旅游示范地区进行对比，学习优秀案例，找到不足之处，提出针对性的建议，以期为川西地区高质量发展全域生态文化旅游提供一些参考借鉴。

本书属于四川省科技厅重点研发项目"四川少数民族地区全域生态及文化旅游开发技术创新与应用示范（21ZDYF2075）"、四川省社会科学重点研究基地-中国攀西康养产业研究中心重点课题"老龄化背景下攀西地区康养产业发展路径与机制研究（PXKY-ZD-201904）"、成都绿色低碳发展研究基地重点项目"成都市产业绿色低碳转型及发展研究（LD23ZD01）"、四川省教育厅人文社会科学重点研究基地-攀枝花学院资源型城市发展研究中心项目"资源型城市可持续发展研究（ZYZX-YB-B04）"的阶段性成果。

目　　录

1　川西地区旅游资源的概况

　　川西地区从文化概念上来说是指川西平原，文学作品及当地多称为川西坝子，即四川省西部以成都平原为核心的区域，广义上来说包括甘孜州、阿坝州、成都、乐山、德阳、眉山、雅安、绵阳等地区，从面积上来说，是西南地区最大的平原。这个地区自然风景优美，民族文化气息浓厚，是四川旅游的圣地。本书研究的范围既包括文化概念上的川西也包括地理位置上的川西。

1.1　生态旅游资源

　　川西地区处于亚热带，气候温暖湿润，森林、草原、草地等生态资源丰富，而且分布范围广，在境内分布着种类繁多的粮食作物、野生植物、药用植物和野生动物，生物资源丰富。由于川西正好处于欧亚地震带上，地壳运动活跃，使川西地区产生了千姿百态的地质地貌。比如以贡嘎山和西岭雪山为代表的山景；以雅砻江大峡谷和大渡河金口大峡谷为代表的峡谷风光；不仅如此，还有众多的喀斯特地貌、丹霞地貌，这些都造就了川西地区自然景观的奇特品味，使川西地区拥有多处世界自然遗产、国家级地质公园、国家重点风景名胜区、省级风景名胜区、国家级自然保护区、省级自然保护区、国家级森林公园等，这些自然生态旅游资源对川西地区旅游有着积极的影响。川西地区主要旅游资源见表 1-1。

表 1-1　川西地区主要旅游资源①

旅游资源分类	旅游景点
世界自然遗产	九寨沟、黄龙
国家重点风景名胜区	贡嘎山风景名胜区、二郎山、天台山风景名胜区等
省级风景名胜区	猎塔湖风景区、米亚罗红叶风景区等

---

　　① 资料来源：四川旅游统计信息网。

（续）

旅游资源分类	旅游景点
国家级自然保护区	格萨拉生态旅游区等
省级自然保护区	宝顶沟自然保护区、白河金丝猴原始生态旅游区、铁布梅花鹿自然保护区、格西沟自然保护区等
国家级森林公园	天马山国家森林公园等
省级森林公园	万源黑宝山省级森林公园等
国家级地质公园	兴文石林、达古冰山等
全国重点文物保护单位	海螺沟、卧龙大熊猫自然保护区、四姑娘山等

1.2　人文旅游资源

1.2.1　禹羌文化旅游资源

羌族自称"尔玛"或"尔咩"，被称为"云朵上的民族"，是华夏族的重要组成部分。其主要分布在四川省阿坝藏族羌族自治州的茂县、汶川、理县、松潘、黑水等以及绵阳市的北川羌族自治县。羌族是中国也是全世界最古老的民族，历史非常悠久，有 6 000 年以上的历史，在中国境内发现的最古老的文字——甲骨文中提到的唯一一个关于民族的称谓，即"羌"，这是中国历史上关于族号最早的记载。羌族大部分分布在四川地区，主要在川西地区的北川县。羌族的大禹，完成了排除洪患的艰巨任务。羌族人民一直将其视为治水英雄和拯救人民于危难、护佑羌民的贤主圣王。羌族悠久的历史和独特的生活习惯形成了极具风格的禹羌文化。

（1）物质文化

羌族民居建筑：羌族的建筑技艺精湛，其中以碉楼和石砌房屋最为有名。碉楼是古代人民的智慧结晶，兼顾了防御敌人侵犯和日常居住的功能。它通常依山而建，羌族人民就地选取合适的石板和石片，再用泥浆作为黏合剂修砌而成。这些碉楼通常是三层，少数也有两层和四层的，每层的空间都有其作用：最上面的那层通常用于堆放粮食和杂物；中间那层一般是用于日常居住；最下面的那层会用来饲养家畜，层与层之间用木制的楼梯相连接。但是由于碉楼遭到大量破坏，近代以来，羌族人逐渐使用木材代替石板来修建住宅，这些建筑大多数修建成穿斗梁式吊脚楼或小青瓦。屋顶呈现出"人"字形，四周有木制的格子窗，这些都体现了汉族文化和羌族文化的融合。

羌族饮食文化：羌族的主食有玉米、土豆，辅以小麦、青稞、荞麦、洋芋等。除了主食外还有丰富的蔬菜，如辣椒、白菜、萝卜、各种杂豆。最有名的"金裹银"就是用玉米和大米搅拌后用大火烹制而成，是羌族的一大特色食物，深受当地民众的喜爱。因为以前羌族人居住在高半山区，进城赶集很不方便，所以会在过年时杀猪并将其切成小块腌制和熏干，以便长期储存，这是招待客人的美味佳肴。配以美味佳肴的饮品——咂酒和蜂蜜酒，是羌族又一大特色食物，咂酒是将大麦、青稞或是玉米煮熟拌入酒曲后，放入瓦坛中发酵而成，这种制作工艺与我们熟知的醪糟制作方法很相似。当需要饮用的时候，他们不会像其他地方一样倒出来喝，而是直接向坛内注入开水，然后插上细竹管或麦秆，边吃肉边喝酒，喝完以后再往里面加水，一直到无味为止。当然，在重大的节日或有什么喜事的时候，他们也会用咂酒来助兴。蜂蜜酒则是在酿好的土酒中，加入当地土蜂蜜，味道甘甜醇正，一般用来招待贵客。除此之外，还有很多的特色小吃，水粑馍馍、锅边馍馍、玉米饺团、土豆糍粑、蕨菜、野菜等。

羌族服饰：旧时，羌族人用当地种植的苎麻、亚麻和麻织成的手工布做衣服。传统服饰以白色（天然）、蓝色和青色（黑色）为基本颜色。男人和女人都穿着大前襟和布扣，但有明显的区别。男人穿着简单优雅的衣服，头戴白色或蓝色的头巾。在一件旧的羊皮夹克或棉夹克外穿一件齐膝的自然色或蓝色和青色长袍（通常被称为"领夹"，就像今天的马甲一样），并穿着大脚裤（俗称"防扫"）以及打底裤。腰带是用亚麻、棉花或羊毛制成的带刀，或亚麻、刺绣、皮制腰带，脚穿草鞋（分侧耳子和满耳子两种，用粟草、竹麻、苎麻、蓑、掌片或树皮、藤皮编织而成），少数人穿布鞋或牛皮鞋。女人的衣服五颜六色，尤其是年轻妇女和女孩的衣服。她们通常穿蓝色、红色或深红色衬衫和蓝色裤子。少妇少女的衣领、裙摆、袖子和裤腿上都绣有花边，衣领上还镶嵌着一排梅花银的小颗粒；中老年妇女的衣服也有花边，但很少有刺绣的。腰围裙（俗称"腰围"）上有图案，围裙的上端钉着一颗银纽扣，中部的两侧各有一条一英寸宽的精美刺绣长腰带。她们穿着钩尖绣花鞋（又称"云云鞋"，像一只船，略尖，鞋面上绣有各种云纹，因此得名），不过，在田间和冬天干活的时候，她们也会裹脚（打底裤）、穿草鞋。

特色交通设施：由于羌族人民居住的环境大多道路崎岖、江河纵横，为了克服渡江渡河的困难，智慧的羌族人民发明了溜索。溜索又叫溜筒，是一种古老的渡河方法，有平溜、陡溜两种类型。平溜，绳子呈水平状。陡溜，是高低两根绳子，来回十分省力。目前在青片河与白草河流域上游还各有一座溜索。这种溜索一方面是为了方便人们过河，另外，由于它一次只能一人通过，还具有防御外犯的作用。之后，随着时代的发展，当地群众又用竹子、木桩、藤蔓为缆制作了索桥。清代之后,索桥原来的藤缆和竹缆被铁索替代,桥面也用木板或铁皮铺成,相对于溜索而言,索桥的安全性更高。溜索不仅可以载人渡河,还可以把牛羊等牲畜运送到对岸,这充分体现了当地民众的建筑智慧。羌族地区最著名的索桥就是汶川县内的威州大索桥,该桥横跨于岷江和杂谷脑河交汇点处,始建于唐朝,长 100 余米、宽 1.5 米,人畜、马帮皆可通行。除了溜索,羌区还有栈道、挑桥、弓弓桥等具有羌族特色的交通设施。

(2)非物质文化

羌族传统音乐舞蹈:受人们生活习惯、文化传统、宗教信仰等因素的影响,各民族的音乐舞蹈往往会呈现出不同的风格特点。羌族人民好歌擅舞。年轻男女在表达爱慕之意时会唱情歌;当心中郁闷不平或者处境悲惨时会唱苦歌;当遇上男女婚事时,客人们便通宵达旦唱喜庆之歌,以表达祝福;当亲人亡故时,会唱丧歌,以表哀思;节日庆典上会唱祝酒歌以助兴;生产劳作时会唱劳动之歌,以提劲解乏。羌族歌曲有羌语和汉语之分。羌语歌曲多是羌族民众代代口口相传,曲调具有鲜明的民族特色,多在舞蹈表演和敬酒时歌唱。汉语歌曲则是在日常的生产生活实践中形成的,内容较为丰富。其中最具代表性的就是羌族情歌,现在每年都会在小寨子沟的五龙寨举办情歌节。对于舞蹈,羌族人喜欢跳莎朗舞、法舞、铠甲舞等。这些舞蹈的产生和少数民族地区的生活息息相关,比如羌族的法舞和铠甲舞是专门在祭祀时跳的舞蹈。莎朗舞是羌族舞蹈中最为大家熟知的舞蹈,这种舞蹈包含很多劳作时的体态,因为它原本就是羌族妇女们在辛苦劳作之余用于放松的舞蹈。在社会不断现代化的过程中,莎朗舞在一段时间内差点消失,因为原始的莎朗舞动作复杂难学,导致年轻一代的人们有畏难情绪,学习意愿不强,游客们更是没有多少兴趣。随着政府对民族传统文化的大力支持,在当地政府帮助下,通过在传统的莎朗舞动作中加入现代新元素,并对舞蹈重新编排,使新的莎朗舞简单易学又富有羌族特色因子。同时政府还出资将新舞蹈制作成光盘免费发放给当地的民众,让他们模仿学习,这才使得莎朗舞逐渐保留和发展起来。现在莎朗舞深受游客的喜爱,不仅能在羌寨里看到人们跳莎朗舞,而且还能在一般的节日庆典和重要宴会以及旅游接待活动中看到莎朗舞表演,其中大型舞台情景剧"禹羌部落"还走上了舞台和荧幕,被更多的人所认识。

传统技艺:羌族的传统技艺主要表现在建筑技艺、木制技艺、纺织技艺、银器加工等方面。建筑技艺中的"羌族碉楼营造技艺"还入选为第三批国家级非物质文化遗产。羌族人民在修砌碉楼时不会借助任何辅助工具,只通过匠人的经验目测估算就能修筑出坚实牢固的房屋来。这种技艺没有严格的师承关系,一般羌族男子在日常观察前辈们的操作和实践过程中逐渐就能学会这些技能。羌族的木制技艺通常体现在家具生活用具和建筑上，川西羌族地区以前使用的木制品较少，其木作技艺大都由汉族地区传入，各种样式和图案与内地也相差无几。纺织技艺最具盛名的就是羌绣，目前羌绣在政府的扶持下逐渐形成规模化，越来越多的人投入到这项传统技艺的学习中，羌族产品已经享誉四海。少数民族的服饰都是绚丽多彩的，其身上会装饰各种金银配饰，如头花、耳环、项链、长命锁、戒指、手镯等，这使得羌族的银器技艺十分精湛。

羌药：羌族人民在长期与病魔斗争的过程中不断积累用药经验，渐渐地形成极具特色的羌族医药。羌药大多是就地取材，而且疗效显著，深得羌族人民信赖。羌医治疗手法也是多种多样，除了用药，也会用针刺、挑刺、放血、火灸、按摩、刮痧、拔火罐等方法。很神奇的一点是羌医用药方式和用药量没有固定的模式，往往是经过望、闻、问、切后根据医生个人经验所决定。

羌族传统礼仪民俗：川西地区羌族民俗文化主要体现在生产习俗、生活习俗、婚姻习俗、丧葬习俗、生养习俗、出行习俗、社交习俗、民俗节日等方面。其中最具地域特色和民族特色的要数婚姻习俗。以前婚姻的形式除了女方嫁入男家以外，还存在入赘的现象，入赘又称"上门"。以前的男女婚姻通常是父母包办。而且婚姻礼节烦琐，从说亲到结婚会经历多个环节：说亲、定亲、报期、结婚、回门等。其中说亲环节尤为重要，俗称吃开口酒，喝酒礼仪也是独具特色。被提亲家往往请客人喝当地特有的咂酒，以表敬意。先将桌子和盛有糯米酒的酒坛放在堂屋中，桌子四周不设座，客人围桌而立。饮前，主人叫主妇出来启封开坛，并端上一只盛满热水的盆或碗。人们以通节细竹在水中一吸，然后注入酒坛中，使酒不欠不溢。接着，主客轮流以细竹吸酒而饮。酒液将完时，须加水，直到酒味清淡为止。举办婚礼环节最为热闹隆重，一般来说，婚礼的开支由男方负责，这期间会消耗大量的财力物力。婚宴会大办三天三夜，宴请双方亲朋好友，仪式由新郎的长辈或者是寨子里德高望重的老人或释比主持。仪式开始时，男女双方都要安排一名能说会道的亲人负责客人的接待。在安排桌位时十分讲究，若是男方入赘就按照亲疏远近和长幼一次就座，若是女方嫁入男家则首先要安排女方的送亲客。在出嫁之前，女方还要举办"坐歌堂"，歌堂设在正堂屋，屋内放置三到四张八仙桌，上面摆放鲜花及各类糖果，寨子内的年轻女孩和新娘围坐在一起，由"引姑娘"和新娘带头起歌，然后其他人依次轮唱，直到出亲。每唱完一首歌时，押礼先生就会赠送礼物和喜钱。在快到婚礼举办地时，会有隆重的迎宾礼，主人家的宾客会夹道欢迎，唢呐、锣鼓、鞭炮声此起彼伏，主客双方在相互迎谢中进入堂屋，开始拜堂仪式。拜堂之后便是宴席，其间会穿插歌舞表演，喜庆欢快的气氛会持续到深夜。最后是谢客，在婚礼后的第二天举办答谢宴，对寨子里出力帮衬的人表示感谢。婚后第三天要回门，表达对父母的养育之恩。

　　羌族节庆文化：节庆文化是一个民族思想观念、宗教信仰、历史文化、生产生活和经济发展的综合体现。大多数民族的民间节日和活动反映了该民族独特的民族风情和文化气质。川西地区有许多民俗节日，包括羌历年、转山会、川主会、药王会、观音会等，其中最具代表性的是羌历年和转山会。羌历年是羌族最为盛大的节日，是羌族人民庆祝丰收、表达感谢的日子，以前是在冬至节那天。在年节的当天，人们宰杀猪羊，用麦子面制作牛羊鸡马等彩色祭品，用以祭祀祖先和天神。第二天，男女老少会穿上节日盛装，带上食物和咂酒到野外举行庆祝活动，活动主要分为祭祀和娱乐两部分。其间人们载歌载舞，相互馈赠美食和美酒、互相表达新年祝福，到深夜尽兴时便散去。后来，由于历史原因，庆典一度暂停。不过，在羌族同胞的倡议和国家民族事务委员会的支持下，四川省民族事务委员会于 1987 年农历 10 月 1 日在成都举行了羌族新年庆祝活动。从那时起，羌族地区就在农历十月初一庆祝羌年。祭山又称祭塔，一般以村落为单位定期举行祈愿丰收的活动，但是，由于农业和气候的原因，举行的时间有一定的差异。川西地区羌村一般在农历四月初八或十二日开始许愿，等到秋收后再还愿。川西地区的羌族信奉万物有灵，同时受周边的汉族、藏族的影响，也信奉道教、佛教。民国时期由于受社会环境的影响，在白草河上游地区还出现了信仰天主教的群众。当地人信奉的神灵主要分为四大类：一是天神、太阳神、山神、地神、火神等自然神；二是祖先一类的家神；三是像铁匠神、木匠神一类的劳动工艺神；四是社神之类的地方神。此外，羌族人崇尚白石，除了火神作为火塘的象征、树神以神林和神树为代表、羊神以羊角为代表，其他所有的神都以白石为象征，仅以白石放置的地点作为区分，比如放在山上的白石就称为山神，放在屋顶的白石就是天神，放在堂屋的白石就是家神。以往，人们在走亲访友时还会以白石作为最珍贵礼物相互赠送。羌族通过"端公"实现人与神的沟通交流，"端公"大多数都是具备较为丰富历史文化知识和社会经验的人，作为羌族传统文化的传承者，它在人民心中享有很高的声誉。一般村寨的祭祀活动、婚丧嫁娶、治病驱灾等都由"端公"主持。"端公"在传承体系上是外传，很少有子承父传的现象，也没有相关的经文，全凭口传心授。

　　羌族传统体育：羌族传统体育文化的形成发展与当地的自然地理环境及人文地理环境有着千丝万缕的联系。羌族传统体育是羌族文化的一部分，也是中华传统体育文化重要的组成部分。羌族民间流行推杆、打靶、抱蛋、摔跤、举石、爬树、下棋等娱乐性体育活动。推杆在川西的部分地区很受欢迎，一般在重大节日或者农闲时举行。在羌族民间，关于推杆活动的来源，还有着这样的传说，很久以前，羌人南移至岷江上游，同当地的"戈基人"进行了一场决定生存的战争。羌人在非常危急的时刻，挑选一批精壮的战士，组成长矛军，在天神儿波尔勒的帮助下打败了戈基人。但庆功会上推选英雄时，谁也不愿说出自己的功劳。于是战士们取下尖的长矛来做推力较量，胜者敬酒一碗，胜三次敬五碗。轮番比赛，选出力气最大的勇士为英雄。后来，这一形式就作为一种推杆活动在羌寨流传下来。比赛时用一根 1 米至 4 米的木杆作为道具，守方 1 人紧握木杆的一端蹲下，用双腿夹住木杆，攻击侧是一个或多个人，手持木杆的另一端被推到防守方。若没能推倒就还可以继续加人，直到将对方推倒为止。摔跤，是羌族民间的一项传统体育项目。主要在羌族青少年中间流行。羌族摔跤分为两种形式。一种是双方相互交叉，抱抓对方腰带，较量时不能用脚踢和脚绊，以连续三次将对方摔倒为胜；另一种为"抱花肩"式摔跤，即双方互相抱住肩膀，以用脚将对方绊倒者为胜。扭棍子，是一项力量对抗型竞技活动，多流行在羌族民间的青少年中，羌族的扭棍子多为两人对阵。比赛前，先选取一根约 1 米长的木棍，两人各握一端。比赛一开始，两人则各自朝相反的方向扭动，以能将木棍扭转一周者为胜。比赛过程中，木棍不得接触身体，否则算犯规。蛾捉，为羌族语，意即抱蛋，是羌族民间传统体育游戏，多在羌族青少年之间开展。蛾捉活动，主要是锻炼人的眼力和腿力，培养参与者的灵活性和反应能力，是一项娱乐性很强的竞技项目。

1.2.2 红色文化旅游资源

红色资源是革命战争时期先烈们留下的革命历史文化遗存，是我国特有的精神财富（侯兵等，2020）[1]。四川是红军长征的重要途经地，特别是川西片区，发生了许多红军长征途中的重大事件和转折性事件。川西地区长征遗迹具有数量众多、分布范围广、质量高等特点。这些红色文化资源是四川文化旅游中的重要文旅要素，更是川西片区的地标性文化符号。

（1）泸定桥旅游景区

泸定桥位于四川省西部的甘孜藏族自治州泸定县，人们又称之为大渡河铁索桥，是四川内地通往康藏高原的交通要道（图 1-1）。泸定桥始建于康熙年间，长 103.67 米、宽 3 米，桥身由 13 根大粗铁链构成，桥的左右各两根，桥的底部并排放 9 根，在此基础上平铺数个木板。1935 年 5 月，红军队伍来到泸定桥只看到十三根摇晃的铁链，阻碍了红军前进的步伐，面对敌人前堵后追的绝境，红军已经没有退路，最后在 22 位突击队员的英勇带领下，部队成功完成了飞夺泸定桥的壮举。泸定桥战役是中国共产党长征时期的重要里程碑事件，为实现红一、二、四方面军的会合，最后北上陕北结束长征奠定了坚实的基础。

图 1-1　泸定桥（笔者自摄）

除了泸定桥本身外，当地政府还建立了红军飞夺泸定桥纪念馆。2005 年，为纪念红军长征胜利七十周年，红军飞夺泸定桥纪念馆正式开馆，它坐落于四川省泸定县城西南的红军飞夺泸定桥纪念碑公园内，距泸定桥 600 米。纪念馆中的展览品以红军长征为主线，以飞夺泸定桥为重点，综合利用声、光、电等现代技术，较为全面地展示了红军飞夺泸定桥的惊、险、奇、绝，以及对中国革命所产生的重大意义。

（2）磨西会议遗址

磨西镇位于四川省甘孜州泸定县，是海螺沟名胜风景区的旅游接待基地和入口，磨西镇距成都约 304 千米，距泸定 52 千米。1935 年 5 月 29 日傍晚，毛泽东带领部队抵达磨西，由于雨大天又黑，通往泸定的山路全是悬崖峭壁，红军夜宿磨西，当晚住在磨西天主教堂神甫楼。当天晚上 10 时，毛泽东在神甫楼召集同行的朱德、周恩来等召开会议，史称"磨西会议"。会议决定部队放弃去康定，而是直接通过泸定桥，对飞夺泸定桥战役起到了重要作用。1999年，磨西天主教堂被甘孜藏族自治州评定为州级文物保护单位。2004 年，"磨西会议"遗址列入四川省重点文物保护单位（图 1-2）。

图 1-2 红军长征磨西会议遗址（笔者自摄）

(3) 红原大草原

红原大草原，位于四川省境内，青藏高原东部边缘，川西北雪山草地，阿坝藏族羌族自治州的中部（图 1-3）。红原大草原地域辽阔，自然景观独特，资源丰富，素有高原"金银滩"之称。红原大草原是花的世界、草的海洋，风情独特，气象万千。1936 年 7 月底，红二、四方面军左路纵队从阿坝出发经红原度过嘎曲，踏上了征服红原大草地的艰苦旅程。在这个过程中，很多红军战士因饥饿、寒冷、伤病，牺牲在草海、泥潭和沼泽中。1960 年 7 月，经国务院批准建立红原县，以纪念"红军长征走过的大草原——红原"。并在草原上为弘扬长征精神和纪念在穿越大沼泽途中牺牲的红军战士立牌。这块"红军过草地纪念碑"，向人们讲述着"革命理想高于天"的红军故事，激励后人为振兴中华贡献力量。

图 1-3 红原大草原（笔者自摄）

(4) 卓克基土司官寨

卓克基土司官寨（图 1-5），位于距马尔康县城 7 千米的卓克基镇西索村。1935 年中央红军红六团于 6 月 24 日翻越梦笔山进入卓克基地区，时任国民党"游击司令"的索观瀛亲率土兵 200 余人进行阻击。土兵枪法很准，将宣传民族政策的通司打死，红军被迫还击，土兵节节败退，红军占领土司官寨后，毛泽东、周恩来、张闻天等中央领导在"土司议政厅"召开中央政治局常委会会议，专门讨论民族地区的有关问题，通过了《告康藏西番民众书》。号召藏族民众起来反对帝国主义和国民党军阀，成立游击队，实现民族自治。1988 年，卓克基官寨被国务院列为第三批国家重点文物保护单位。图 1-4 为卓克基会议旧址。

图 1-4 卓克基会议旧址（笔者自摄）

图 1-5 卓克基土司官寨（笔者自摄）

1.2.3 地震遗址旅游资源

2008 年 5 月 12 日四川汶川发生的里氏 8.0 级地震，留下了许多著名的地震遗址，也留下了许多可歌可泣的抗震救灾感人事迹。这些由数万生命、数千亿财产损失和全国人民的关爱换来的地震遗址和抗震救灾精神文化，应该为灾区恢复重建和社会经济发展服务。由国家旅游局和四川省人民政府于 2008 年 7 月编制完成的《四川汶川地震灾后旅游业恢复重建规划》设计了一条中国汶川地震遗址旅游线。线路涵盖了都江堰、映秀、汶川、茂县、北川、青川、绵竹汉旺、什邡穿心店、彭州银厂沟等地震重灾区。

本次地震重灾区包括成都市、德阳市、绵阳市、阿坝州等 8 个市州所属的 39 个县，面积为 10 万平方千米，占四川省总面积的 20%，与丹麦的国土面积相当。一场突如其来的大地震袭击了四川大地，使正在蓬勃发展的四川旅游业遭到了重创，特别是震中附近的旅游城镇基础设施几乎损失殆尽，旅游业直接损失高达数百亿元。地震虽然使四川一些旅游资源受到破坏，但同时也形成了一些新的特色旅游资源，例如地震遗迹、地震遗址博物馆等，这些新的旅游资源经过包装宣传策划后，已经成为四川旅游的新亮点。

（1）映秀镇地震遗址

映秀镇坐落于汶川县东南部的岷江之滨，地处国道 213 线和省道 303 线交汇处，是通往九寨沟、黄龙世界自然遗产和卧龙大熊猫栖息地、四姑娘山的必经之路。2008 年 5 月 12 日特大地震，映秀镇是地震的中心，地震爆发后，全镇大部分房屋倒塌，到处山体滑坡，造成停水、停电，通讯、交通中断，是重灾区之一。映秀地震遗址位于映秀镇百花大桥之上的牛眠沟口、莲花心至漩口镇的蔡家杠村。在汶川县映秀镇的路口，矗立着一块写着"5·12 震中映秀"几个大字的巨大石头，几个大字格外醒目，这块巨石是地震时山体崩裂滚下来的，如今成为震中映秀的标志性路牌。目前映秀地震遗址已经建设成为一处 AAAA 级景区，景区公园主要由天崩石、百花大桥、漩口中学等构成。

（2）北川老县城地震遗址

北川老县城地震遗址位于四川省绵阳市北川县曲山镇，整个县城都处在地震断裂带上，遭受了地震的强力破坏，是汶川大地震的极重灾区。受此影响，整个县城不得不整体搬迁，是汶川大地震中唯一整体搬迁的县级城市。2010 年 5 月 11 日，北川老县城地震遗址经过治理保护，逐渐对外适度开放。目前北川老县城地震遗址是世界上保存面积最大、地震破坏最严重、破坏类型最典型、地震原貌保存最完整的地震灾害遗址。北川老县城遗址保留了地震引起的山体垮塌、泥石流、堰塞湖等自然现象，也保留了各类垮塌、变形程度不同的房屋、桥梁、街道、道路等建筑物和构筑物，其间也保留了大量的人类生活、生产用具。既有各类地震发生后的自然灾害现象，也有地震对建筑物破坏的各种类型现场。是一处破坏极为严重、灾害类型全、工程破坏类型全的灾难性地震遗址。是人类今后认识自然，研究地震学、地震地质学、工程地震学、地震应急救援技术、地震社会学、民族学等学科和领域以及防震减灾方面知识的一处典型遗址。

（3）汉旺镇地震遗址

汉旺镇位于德阳市绵竹市，绵竹汉旺地震遗址公园主要以工业地震遗址为主，包括抗震救灾和灾后重建纪念馆、工业遗址纪念中心数字馆、东汽厂遗址区、汉旺场镇遗址区和接待中心五大区域。主要突出数字化展示平台、减灾应急救援训练中心、远程多功能培训中心、纪念墙与感恩墙雕塑群等四大主题。纪念馆内有先进的语音导览系统、4D 影院、投影仪、全景式的 360 度环绕屏幕，使游客可以沉浸式体验各种场景。除此之外，遗址公园内还有清平山货坊、休闲茶吧、书吧、多功能手机充电吧等配套服务设施，全方位地满足了游客的需求。2022 年 3 月 30 日，被中国科学技术协会命名为 2021—2025 年度第一批全国科普教育基地。

（4）东河口地震遗址公园

东河口村位于广元市青川县境内。"5·12"大地震时王家山整体倒塌在东河口村，村里 1 262 位居民全部被掩埋，造成 780 位村民罹难。地震后，该村仅遗留下一幢小小的楼房。东河口地震遗址公园是四川汶川大地震首个遗址保护纪念地，是因地球应力爆发形成的，地质破坏形态最丰富、体量最大、地震堰塞湖数量最多、最为集中、伤亡最为惨重的地震遗址群。集中展示了地震造成的崩塌、地裂、隆起、断层、褶皱等多种地质破坏形态。遗址公园呈 Y 形布局，集中连片近 50 平方千米，含五乡一镇。

由此可见，川西地区的旅游资源非常突出和丰富，而旅游资源是旅游业发展的依托，旅游业竞争力的基础，这些旅游资源都为川西地区发展全域旅游奠定了良好基础。

2 游客满意度影响因素

早在 20 世纪 60 年代，美国就有学者基于顾客满意度研究游客满意度。汪侠等（2010）在对国内外研究文献进行总结概述的基础之上[2]，提出游客满意度的概念，即游客满意度是游客期望和实地旅游感知相比较的结果。游客满意度更加关注游客的心理比较过程和结果。如果旅游中的体验比事先期望值高，那么游客满意度会较高，反之会得到一个较低的结果。在实践中，游客满意度的高低会影响游客是否会选择重游当地或者推荐自己的亲朋好友前来旅游，从而影响到旅游地的经济发展。

因此，对于游客满意度的分析至关重要，通过分析才能获知游客的需求，旅游地的改进方向，以及政府需要出台何种政策来推动旅游地各方面的发展。因此对游客满意度的调查是检测旅游地发展现状的关键，景区要得到好的发展离不开游客满意度因素影响研究。

2.1 游客满意度因素理论

自 20 世纪 60 年代初期开始，美国的相关学者就已经针对顾客满意度展开了研究。旅游业中的游客满意度概念是从企业管理中的顾客满意度概念演变来的。20 世纪 70 年代之后，国外旅游市场日益扩大，竞争日益激烈，在这样的大环境之下，关于游客满意度的研究也日益增多。越来越多的从业者和相关学者投入游客满意度的研究领域中来，因此游客满意度的研究获得了较快发展。现有文献中关于游客满意度主要的研究方向有三点，分别是游客满意度的概念、游客满意度影响因素和游客满意度的测评。国内关于游客满意度的研究相比国外而言，虽起步较晚但发展迅速。近些年来，众多学者针对游客满意度内涵、测评和影响因素等方面的内容展开了研究并取得一定进展。

国内外众多学者都从不同的角度开展了关于游客满意度影响因素的研究，并在研究中采用不同的评测方法和模型。从已有文献来看，游客满意度影响因素主要有以下四个方面，分别是游客期望、感知绩效、旅游目的地形象和旅游动机。

2.1.1　游客期望因素

在游客满意度研究中，大量的实证研究结果表明游客期望同游客满意度之间存在着直接相关关系。Bowen（2001）的实证研究表明期望、绩效等是影响游客满意度的前提因素[3]。Boscue 等（2006）在此基础上[4]，探讨了旅行社游客期望的形成过程、影响因素，以及期望、满意度与游客忠诚度之间的关系，并指出游客期望是影响游客满意度的重要前提变量。汪侠和梅虎（2006）的研究指出[5]，游客满意度的前提变量除了游客期望，还有游客体验和游客感知价值，其中，游客期望与游客满意度之间呈负相关关系。刘福承等（2017）通过对国外文献进行集中梳理[6]，发现游客满意度内涵研究主要是从期望视角方面展开的；游客满意度的影响因素主要包括期望、感知价值、情感、感知质量、旅游地形象等多个方面。

自 20 世纪 70 年代末开始，针对游客满意度各方面的研究便在不断发展并完善中。主要涉及的研究方向有，概念的辨析、满意度影响因素以及对满意度的评测。在一定程度上，游客满意度的研究是从期望-感知差异理论演变而来的，并在这个基础之上，进行不断的探究。现有研究表明，游客期望与游客满意度之间存在相关关系，且这种相关关系是一种负相关关系。在针对川西地区游客满意度影响因素的研究中，我们在考虑问卷设计及模型建立时，将游客期望作为影响游客满意度的重要因素加入问卷设计中。

2.1.2　旅游动机因素

在国外，学者们普遍将游客满意度定义为游客需求被满足的程度，并从不同的角度对游客满意度内涵展开研究。有学者在研究中，采用实证方法检验旅游动机与游客满意度之间的关系，同一旅游地的游客可能有不同的动机，且旅游动机和游客满意度有相关关系。相关研究表明，个人的旅行动机影响着他对旅游地某些因素、活动以及旅游地属性的满意度。Yoon 和 Uysal（2005）通过研究发现[7]，直接影响游客满意度的主要是一些关于旅游动机的特定因素。比如为了欣赏自然风光而旅游的游客，在看到当地山清水秀、风景怡人以及感受到良好的服务时，则对此次旅游感到满意。游客对旅游地满意度水平和标准与游客前往旅游地的动机相关。

川西地区大部分属于乡村，川西地区的旅游模式更加接近乡村旅游的模式。在乡村旅游方面，周杨等（2016）以乡村旅游游客作为研究对象[8]，发现不同的旅游动机对游客满意度有着不同程度的影响。其中游客对乡村旅游环境满意度较高，对乡村旅游服务及投诉便利性的满意度较低。戴其文等（2022）

以桂林鲁家村为例[9]，探讨客源地和景区吸引力对乡村旅游满意度的影响。研究发现，客源地不仅影响复合型乡村旅游地的整体满意度，对基础设施设备和娱乐活动项目满意度也产生显著影响。同时，游客的个人特征也对复合型乡村旅游满意度产生不同程度的影响。

游客旅游动机决定着游客来旅游目的地重点关注的是什么，对旅游目的地的关注点在哪里，因此游客动机在很大程度上影响着游客满意度。1977 年，美国学者丹恩提出了关于旅游动机的推拉理论，即旅游行为受到推动因素和拉动因素这两个基本因素的影响。基于此，旅游动机分为推动动机和拉动动机两个方面。推动动机是指为了逃避、放松、考察等去往旅游目的地，是旅游者内心对旅游的主观愿望；拉动动机是指受到旅游目的地某方面的吸引而前往，是一种外部刺激。两种动机从本质上来讲有所不同，对游客满意度的影响也会不同。考虑到川西地区的实际情况，我们将从游客动机的两个方面出发分析游客满意度。

2.1.3　感知绩效因素

感知绩效因素大致分为感知价值和感知质量两个方面。感知价值是指消费者在感知产品或者服务的实用性时进行的整体检测。Woodruff（1997）认为[10]，游客满意度的研究中应该将感知价值的影响重视起来。Lee 等（2005）研究发现感知价值由三个部分组成[11]，分别是功能价值、总体价值和情感价值，并且感知价值对游客满意度有显著影响。国内学者黄颖华和黄福才（2007）认为[12]，游客对旅游地的感知价值是研究游客满意度影响因素的重要方面，在相关研究中应该给予足够关注。连漪和汪侠（2004）在研究中把游客期望作为影响游客满意度的前因变量[13]，使用 TDCSI 模型进行实证研究，最终发现游客期望与满意度之间呈显著负相关。并且游客期望通过感知价值与感知质量作用于游客满意度。另外，Chen 等（2010）的研究表明[14]，游客满意度的主要决定因素有两点，一是前往旅游地前的期望值，二是在旅游地进行相关体验后的感知绩效。游客在比较他们对于旅游地的预期和旅行中的体验之后，会有满意或者不满意的感受。除此之外，对游客满意度产生显著影响的还有游客的出行方式、经济水平、出游经历和次数等方面。

除了感知价值，感知质量也是研究游客满意度水平的重要指标。感知质量越高则表明满意水平越高，反之，游客对旅游目的地供给要素感到乏味或者不符合其心理预期，则会降低满意水平。感知价值和感知质量作为感知绩效的两个方面，也息息相关。游客通过对比感知质量与此次旅游花费，从而产生对此次旅游价值的感知，这一点也说明感知质量影响感知价值。卞显红（2005）在研究中运用结构方程模型法[15]，发现感知质量对游客满意度有一定的影响，并且感知质量也影响着游客旅游结束后对景区的推荐意愿。进一步的，Lee 等（2005）的研究发现[11]，游客的感知质量对游客满意度有直接的正向影响，并且对游客重游意愿有间接的正向影响。此外，连漪和汪侠（2004、2005）、何琼峰（2011）以及 Song（2012）等学者通过构建游客满意度测评模型[13][5][16][17]，也证实了这一结论，即游客感知质量对满意度有正向影响，进一步的研究发现这种影响是通过对感知价值的影响实现的。这也在侧面印证了感知质量影响感知价值的结论。

以往学者的研究分析表明，感知绩效由感知质量和感知价值两部分组成，感知质量通过影响感知价值来影响游客满意度。感知绩效更多的是一种主观印象，因游客类型的不同，而存在着千差万别。而这种主观印象对游客满意度也有一些影响，如何将主观印象定量分析，以往的学者大多采用的方式是问卷调查加构建游客满意度测评模型，从而证明感知绩效对游客满意度有正向影响。参考以往学者的研究结论和研究方法，我们在构建川西地区游客满意度影响因素模型时，将感知绩效纳入考量，通过问卷分析加建立结构方程模型，研究川西地区游客满意度影响因素。

2.1.4　旅游目的地因素

在实践中，游客满意度与旅游服务息息相关，因此旅游服务和游客满意度的关系一直受到旅游领域的广泛关注。因为提供高质量的服务以及确保游客满意被认为是影响旅游业成功的两个重要因素。在游客满意度影响因素的研究中，旅游目的地服务质量与游客满意度的关系是非常重要的一个研究角度。田坤跃（2010）在景区游客满意度的影响因素的研究中使用 Fuzzy - IPA 方法[18]，结果表明景区的旅游服务效率、服务承诺、服务行为、服务语言、科技模拟效果、项目趣味性、线路设计、解说系统等服务和产品的质量越高，游客的满意程度越高。

Pizam 等（1978）在研究中以美国麻省科德角海滨为案例地[19]，首次提出了影响游客满意度的八个因子，其中基于旅游目的地供给要素的视角提出了海滩、餐饮、居民的好客程度、旅游环境、住宿条件、当地商业化程度六个评价因子。类似地，国内学者董观志和杨凤影（2005）在研究中创新性地将影响游客满意度的因素分为两部分[20]，分别是客观指标方面和直观指标方面。客观指标包括旅游景观、景区形象、基础设施和交通状况，直观指标包括餐饮、住宿、娱乐、购物、管理和服务。在此基础上运用模糊综合评价法分析了影响景区游客满意度的主要因素。李瑛（2008）把西安地区作为研究案例[21]，围绕旅游六要素，将旅游吸引物和设施分成了旅游景观、旅游气氛、美食、旅游纪念品、酒店住宿、娱乐活动、交通标识、通信条件、服务接待与管理几个方面，并分别对游客满意度进行测量。同时将游客满意度影响因子分为软环境与硬环境进行分析，研究结果表明旅游引导标志、公共厕所等软环境对游客满意度产生显著的直接影响。王凯等（2011）以北京798艺术区为案例地[22]，进行游客满意度测评研究，指出景区所提供的文化创意景观、文化创意环境、旅游地文化创意形象、交通等旅游吸引物和设施质量水平的高低对游客满意度有着显著的影响。

研究得知，旅游目的地因素主要包括两个方面，一方面是景区管理，另一方面是景区环境因素。景区管理包括景区基础设施、交通状况、酒店住宿、服务情况等；景区环境包括自然景观、人文景观等。川西地区有着独特的自然风景与深厚的历史底蕴，因此在分析游客满意度影响因素时，我们将环境因素与景区管理作为分析旅游目的地、对游客满意度影响的两个方向。

2.2　游客满意度评测

2.2.1　游客满意度评测方法

游客满意度是游客对于景区旅游体验的一种主观感受，是游客内心的比较过程和结果。对于主观的体验，客观的测量仪器难以去测验，如何把这种定性的事物定量化，是游客满意度影响因素研究中首先要解决的问题。在诸多游客满意度影响因素的研究中，采取问卷调查方法的为较多数。先使用问卷调查游客对景区各个方面的体验以及游客自身的基本情况，然后对收回的问卷进行统计，并采用相关模型进行实证分析。关于游客满意度影响因素的研究问卷，需要对总体满意度从单一问题到多问题、多角度进行测评，大多采用分值来评价。Moital等（2013）用单一问题直接调查游客满意度[23]，每个问题的分值是1到10。周彬（2022）等在研究中[24]，将问卷分为两个部分，一是研学旅行游客满意度测量题项和游客满意度影响因素，每个题项采用Likert五点量表法进行测量；二是旅行者的个人信息和行为信息。以此来构建研学旅行游客满意度的结构方程模型。

在参考以往学者研究的基础上，结合川西地区景区实际情况，我们在研究中同样采用问卷调查来测评川西地区游客满意度影响因素。问卷在主要结构上分为游客满意度影响因素测量与游客个人信息两个部分。游客满意度影响因素测量主要从游客满意度影响因素理论出发，结合川西地区实际情况设计若干题项。游客个人信息，主要包括游客性别、年龄、职业等方面。

2.2.2　游客满意度评测指标

在满意度测评方面，国外学者在旅游目的地分类、游客类型分类等角度展开实证研究，并取得了一定的进展。在研究中一般采用 3～7 级不等的满意度评测方法进行满意度指标的量化，较为常用的是 Likert 五级量表。而在测评指标的选取方面，一般根据领域及研究目标的差异来确定不同的测评指标。如前文所述，Pizam 等（1978）根据美国科德角海滨的具体情况[19]，选取了海滩、环境、成本、游憩机会、餐饮设施、住宿设施、好客度、商业化程度等 8 个测评因子来研究游客的满意度。此外，Lee 等（2014）结合需求层次理论和双因素理论按照高低不同两个层次的需求满意度[25]，高层次对应激励因素、低层次对应保健因素来研究自然野生生物旅游领域里的游客幸福指数。Buckley 等（2014）在对中国大陆漂流旅游的研究过程中发现[26]，可以按照安全性、刺激性、舒适性、景色、乘筏、装备等 11 项内容来划分游客满意度评价指标。Mai 等（2019）结合胡志明市的实际情况选取了感知人文景观、旅游地自然环境、旅游基础设施、娱乐休闲、服务质量、感知价值、感知价格、安全、当地美食、目的地形象、客观负面属性等 11 个评测因子对胡志明市的国际游客满意度进行实证研究[27]。

对于国内的游客满意度测评方面的研究。目前，国内研究人员多采用量化的方法并借助数学模型的形式来进行满意度评测。较为常用的模型有模糊综合评价、灰色关联理论、结构模型、回归分析等。卢松和吴霞（2017）以古村落旅游地写生游客为研究对象[28]，在研究中运用 IPA 分析的方法，构建了 6 个满意度因子来研究游客满意度。廉同辉等（2012）通过构建评价指标利用模糊综合评价的方法对主题公园开展满意度评价[29]。曹霞等（2007）用旅游景区、餐饮、交通等 9 项指标搭建了游客满意度影响因素评价指标体系[30]，在研究中运用灰色关联分析法来展开游客满意度分析。

针对游客满意度影响因素的评测指标，现有文献都是根据所研究对象的实际情况进行选择。评价指标是衡量游客满意度的一种详细表述，选择游客满意度评价指标要考虑到旅游地的实际情况，依据旅游地类型特点以及游客在旅游中所呈现的消费观与价值观差异。一个个单项指标相互关联构成了满意度评价体系，这就是满意度评价的主体。而总体满意度的测评，则建立在单项评价指标的基础上。研究对象的多样性导致游客满意度测评没有统一的标准，研究者需要根据自己研究对象的特性来选择最合适的研究指标。

川西地区有着优美的自然环境，深厚的历史底蕴，鉴于此，我们在考虑游客满意度影响因素评测指标时，将川西地区旅游的特色纳入考量范围之中。根据川西地区藏羌彝民族特色风情以及自然环境的独特之处，来确定景区游客满意度影响因素评测指标。在借鉴以往研究方法的基础上，加入川西地区的特色之处，结合结构方程模型，来研究游客满意度影响因素。

2.2.3　游客满意度评测模型

现有文献中所采用的游客满意度影响因素的评测模型多种多样，较为典型的有游客期望-差异模型、重要性-表现性 IPA 模型、ASCI 模型、SEM 结构方程模型、SERVQUAL 服务质量模型以及生态旅游服务质量 ECOSERV 模型等。例如，张宏梅和陆林（2010）在游客满意度影响因素相关研究中运用了结构方程模型[31]。朱晓柯等（2018）通过因子分析法、模糊综合评价法对哈尔滨冰雪世界游客满意度进行评价[32]。许英达（2020）运用 IPA 分析法对东北地区冰雪旅游游客满意度展开研究[33]，并对提升东北地区游客满意度提出了建议。段冰（2015）在考虑感知质量的基础上[34]，构建了基于结构方程 SEM 模型的特色旅游满意度测度模型，为游客满意度的研究提供借鉴。

综上所述，游客满意度评价模型有结构方程模型、模糊评价法、因子分析法、IPA 模型等，研究者们可以根据自己所研究方向的实际情况选择合适的模型。基于川西地区旅游景区的实际情况与游客满意度影响因素，我们在研究中所选用的是结构方程模型。在现有相关文献中，游客满意度的评价从多种视角和理论展开。目前游客满意度的相关研究对象主要集中在餐饮、购物、接待，以及旅馆、目的地或景区和节庆等不同领域，而迄今针对少数民族地区游客满意度的研究还很有限。

基于以上分析，通过理论研究，借鉴文化旅游开发理论、旅游体验理论、旅游空间结构理论等对全域生态及文化旅游进行理论分析。在全域旅游的视角下，进一步通过资料收集法、文献研究法、分析归纳法对大量相关文献和资料进行归纳分析。研究发现游客满意度影响因素大致分为个人条件因素、感知绩效因素和景区自身因素三大类。根据这些影响因素再结合旅游者行为理论以及旅游景区游客满意理论，基于全域旅游视角，我们提出游客满意度作用路线假设，并根据作用路线设计构建相关结构方程模型。

通过问卷调查、实地调研的方法获取数据，运用大数据分析的方法分析相关数据。通过不断对模型方法进行检验和修正，最终形成能够度量游客满意度的评价指标体系。将游客满意度的评价指标体系用于川西地区全域生态文化旅游开发过程，及时了解游客的满意度和真实需求，推进全域生态文化旅游高质量高速度发展。

2.3　川西地区游客满意度影响因素

在对已有文献进行归纳分析的基础之上，结合前述关于游客满意度影响因素理论框架与川西地区特色，分析川西地区游客满意度影响因素，并大致归纳为以下几个方面，这为后续问卷设计以及结构方程模型的建立打下了理论基础。

2.3.1　个人条件因素

游客是旅游感受的主体，其心情、态度、行为等都会直接影响到游客满意度。游客个人特征因素，按照以往的研究，大致可以分为两个方面，一是游客旅游动机，二是游客期望。

第一，游客旅游动机。游客旅游动机可以分为推动动机和拉动动机两个方面。推动动机，可以被看作是一种对逃避、休息和放松、威望、健康、冒险和社会交往、家庭团聚和兴奋的渴望；拉动动机是那些受到目的地吸引力的启发，比如旅游地的自然景观、历史文化、故事背景等，游客受到这些因素的吸引而前往旅游地。针对川西地区独特的自然景观、历史背景以及宗教文化等，我们在实地调研和设计问卷前，考虑到了川西地区与其他旅游地的不同之处。比如，川西地区独特的藏羌彝文化吸引了全国各地的游客，那么游客很可能出于了解藏羌彝文化的目的，选择川西地区作为旅游目的地。再者，川西地区有着绝美的大自然风光，神奇九寨的潺潺溪水，稻城亚丁的巍峨雪山，都让远方的人们心驰神往。那么，游客来到川西地区旅游的动机，是我们研究中首要关注的。

第二，游客期望。游客期望是游客去往旅游地之前，对旅游地的期望，这是研究游客满意度影响因素中需要重点关注的一个方面。在这个互联网飞速发展的时代，不出门便能一览天下美景。大部分游客在出行之前，有做攻略的习惯，去网上搜集一些关于景点的评价，或者浏览别人发表的出行感受，无形之间，游客对旅游目的地有了自己的期望。游客期望与实际感受之间的差异，便是影响游客满意度的重要因素。关注到现在人们的出行习惯，本书在设计问卷和模型时，将游客期望纳入考评中。譬如，调查问卷中包括景区的哪个方面是你最关注的等一系列涉及游客期望方面的问题。

2.3.2　感知绩效因素

感知绩效是游客对旅游目的地的综合主观评价，由感知价值和感知质量组成。感知质量主要指在消费体验之后，顾客对于服务和产品质量的感知。针对感知绩效，我们主要从以下五个方面开展研究和问卷设计，即设施感知、服务感知、环境感知、项目感知、随机感知。

设施感知，是游客对旅游地设施的主观感受。每个景区都有公共设施，例如公共厕所、游客休息区以及一些人行过道等。设施是景区不可分割的一个方面，游客在旅游之后对该景区设施的满意度，会在一定程度上影响到游客对景区总体满意度。

服务感知，是游客对旅游地服务的主观感受。景区的服务影响着游客对景区的主观印象，比如，当游客感到风景好、服务不好时会对景区的整体印象大打折扣。而在服务感知中，我们主要从服务质量和消费价格两个方面加以考虑。

环境感知，是游客对旅游地自然景观和人文景观的主观感受。川西地区有着优美的自然风景、深厚的历史文化和宗教文化。游客对这些自然景观和人文景观的主观评价是怎样的，是我们在研究游客满意度影响因素时应该关注到的。

项目感知，是游客对景区开展的特色项目的主观感受。特色项目是川西地区景区的独特之处，例如低空旅游项目、健康旅游项目、科技旅游项目等。这些特色旅游项目带给游客的感受以及游客们的看法，都是我们在研究游客满意度影响因素时要考虑到的。

随机感知，是游客对旅游地随机事件的主观感受。这是我们在研究中为其他影响因素考虑的一个额外条件，所有的其他影响因素都可以纳入这个板块中来，比如出行天气对游客满意度的影响，身体状况对游客满意度的影响。川西大部分地处高原，高原反应会给游客造成一定的不适。这些突发事件都有可能在一定程度上影响到游客满意度。

2.3.3　景区自身因素

景区本身的特色与环境等方面的因素，对游客满意度有着很大的影响。独特的风景可能会给游客带来独特的感受，从而提高他们的满意度。别具一格的民族风情也有可能会使游客有不一样的体验。这些都是我们在研究川西地区游客满意度影响因素时需要考虑到的。那么，考虑到川西地区的独特之处，我们将景区自身因素分为景区自身管理因素与环境因素两个方面。

（1）景区自身管理因素

旅游景区管理是影响游客满意度的客观外部因素，比如基础设施、景区服务等均是影响游客满意度的因子。川西地区属于四川旅游地占比最大的一个区域，有句话这样讲，天下美景看四川，四川美景看川西，由此可见川西景点的占比之多，对整个四川地区旅游业的发展起到举足轻重的作用。川西地区大大小小的景点不计其数。那么，景区数量过多便有可能出现疏于管理的现象，如果出现这样的情况会制约当地旅游业的健康发展。

在分析川西地区游客满意度影响因素时，我们把景点的自身管理因素加以考虑，从这一点出发设计问卷以及模型分析。例如，考虑到景区基础设施和服务体系给游客留下的印象。除此之外，结合川西地区景区特色，我们也考虑到了一些景区特色项目对游客满意度的影响，包括但不限于低空旅游项目、健康旅游项目、科技旅游项目、研学旅游项目以及非遗体验旅游项目。调查和分析游客对景区自身管理方面的看法和建议，根据问卷结果结合数据模型分析游客满意度影响因素。

（2）环境因素

鉴于在景区自身管理板块，我们已经考虑了关于景区基础设施和服务体系这些与服务体验有关的环境。因此，环境因素主要是指自然环境与人文环境。川西地区有着优美的自然风光，具有得天独厚的发展旅游业的优势。这些自然环境对游客满意度有什么影响，以及游客对景点丰富度的看法，这些问题都是我们后续研究和分析中将会详细探讨的。除了大自然的恩赐，川西地区的人文环境也同样吸引着一批又一批的游客前往。这里有四川盆地边缘的巴蜀文化，也有着川藏高原独特的少数民族文化，在这里你可以看见汉族与藏羌彝族完美融合的民族风情。独特的民俗风情，别具一格的建筑体系，都吸引着游客们的目光，也是我们研究游客满意度需要考虑到的。

3 游客满意度评价指标体系

构建客观可视的评价指标体系对于考核旅游资源开发绩效、发掘景区服务设施改进潜力、推进游客满意度-景区发展良性循环具有至关重要的作用。而实现这一目标的关键在于获取可量化的数据以及采用可信度较高的指标体系，二者相结合方能产生实用性成果。

本部分分析现有研究成果并结合研究对象特征设计相关评价指标体系，同时通过问卷调查、实地调研、大数据分析等方法获取相关数据，不断对模型方法进行检验和修正，最终形成了适合川西地区具体情况的游客满意度评价指标体系，用以在川西地区全域生态文化旅游开发过程中，及时了解游客的满意度和真实需求，推进全域生态文化旅游高质量高速度发展。

3.1 评价指标选择与结构方程模型构建

参考美国顾客满意度模型（ACSI）和现有研究设计，并以此为基础结合研究对象具体情况与本章所构建的结构方程模型进行扩展，游客满意度评价指标体系大致可分为三层：第一层为潜变量，是结构方程模型的重要支点；第二层为基于游客满意度系统视角的分类维度；第三层则为由分类维度引申出的观测变量，即调查问卷中的具体问题（表 3-1）。在统计方式上，我们采用李克特 5 点量表和虚拟变量将非数字信息进行量化处理，例如在满意度测评方面"非常不满意""不满意""一般""满意""非常满意"等信息可分别用数字1～5 表示；对于"游客特征"等维度中实际测评指标可选项数目显然不为 5 的影响因子则不应拘于 5 点量表设计形式，要按需设置问题选项和数目，后期数据处理时通过设置 0～1 虚拟变量得到量化结果。

此外，修正 IPA 法通过利用所有指标的重要性和满意度绩效构建 4 个象限，分别代表"优势区""维持区""改进区"以及"弱势区"。由于本书所采集的数据经处理后不存在极端值，因此无须考虑"平均值陷阱"问题，可用重要性与满意度绩效的平均值作为 IPA 象限图的轴线。对于高重要性-高绩效范围内的项目，景区经营者和管理者需要重点加以关注，保持其引流创收的优势地位；低重要性-高绩效范围内的项目对于游客满意度的提升不存在显著作用，因此仅需保持现状即可；低重要性-低绩效象限中的项目虽然不会对整体游客满意度造成显著影响，但仍需对其加以改进以满足游客需求；高重要性-低绩效项目是景区经营的"软肋"，其重要性决定了其低绩效会对整体游客满意度造成严重损害，因而需要加大相关投入，削减弱势项目的负面效应。综上所述，将各项目按重要性和满意度计值分类归纳至 IPA 四象限中，可直观地提供各项目当前所属状态，为相关结论和政策建议提供实证依据。IPA 四象限基本原理如图 3-1 所示。

表 3-1 游客满意度评价指标层次体系

一级指标（潜变量）	二级指标（分类维度）	三级指标（观测变量）
游客特征	个人特征 游客期望	
设施感知	基础设施	
服务感知	服务质量 消费价格	调查问卷中的问题
环境感知	景区风光	
随机感知	随机事件	
整体满意度	—	
游客评价	—	

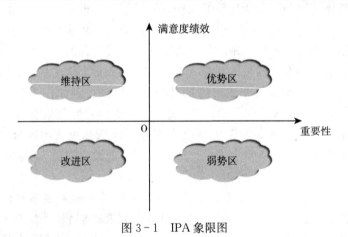

图 3-1 IPA 象限图

游客满意度反馈效应主要依据整体游客满意度（*TS*）与游客期望值（*TE*）之间的差值（*BF*）来度量。*BF* 值与反馈效应及游客感知性质关系如表 3-2所示。

表 3-2 *BF* 值-反馈效应-游客感知性质表

BF 值	>0	$=0$	<0
反馈效应	正向	正向，但较弱	负向
游客感知性质	积极	积极，但较弱	消极

通过对相应的 *BF* 值依据表 3-2 关系进行分析处理，即可得知此次旅行对游客群体的反馈效应，为景区可持续发展战略的制定提供可信证据；同时，游客感知性质也可与游客满意度相印证，加强实证结果和结论的说服力。

本部分所涉及的游客满意度及各影响因子间存在函数关系，通过分析研究因变量（游客满意度）和自变量（各维度下的影响因子）之间的作用关系即可得到相关数学模型：

游客满意度$=F($人口基本信息特征，景区风光，…，随机事件$)+$未知干扰项

$$=F(X_1,X_2,X_3,\cdots,X_{25})+\text{未知干扰项}$$

通过前文分析和修正 IPA 法基本原理可知，由于各因素对整体游客满意度的作用路径具有多重叠加性，因此本书适用乘法模式构建结构方程模型，即：

$$Y=(X_1)^{\rho_1}\times(X_2)^{\rho_2}\times(X_3)^{\rho_3}\times\cdots\times(X_{25})^{\rho_{25}}\times e^{\varepsilon}$$

其中，e^{ε} 为除随机事件之外的未知干扰项。将该式中的自变量和因变量取自然对数，得：

$$\ln(Y)=\rho_1\ln X_1+\rho_2\ln X_2+\rho_3\ln X_3+\cdots+\rho_{25}\ln X_{25}+\varepsilon$$

将由问卷调查和大数据中心采集获取的相关信息经过处理，代入上述模型之中，利用 AMOS 和 SPSS 软件求出偏相关系数 ρ_i 和未知干扰项自然对数 ε，进而得到较为客观的游客满意度结构方程模型。

3.2 问卷指标与结构方程模型

本章根据相关研究方案，并结合川西地区旅游资源实地调研情况，设计表 3-3 所示问卷用以收集研究所需数据，并以问卷收集的数据作为依据来对当地旅游资源开发情况进行量化评估。

本章从受访者个人特征角度出发，刻画受访者基本画像，针对其个人经历、社会阅历等层面差异因素，控制这些变量对受访者旅游感知所会产生的直接影响。在此基础上，本章将进一步分析"设施感知""服务感知""环境感知"以及"项目感知"对游客满意度可能产生的影响，并通过对这些路径作用的相互对比，得出不同层次旅客的关注重点及以何种方式影响感知，进而为有效建议的提出提供实证依据。

表 3 - 3 游客满意度评价维度及相关指标表

总指标	维度	观测指标
游客满意度	游客特征	性别
		年龄
		学历
		收入
		是否四川籍贯
		是否去过川西地区旅游
		出游状态
	设施感知	交通便捷度
		卫生间数量
		卫生间卫生程度
		旅游信息化建设程度
	服务感知	住宿条件
		住宿价格
		餐饮质量
		餐饮价格
		购物环境
		购物价格
		景区门票价格
	环境感知	人文/自然景观的选择
		安全设施
		景区秩序
		标牌清晰度
		景观质量
		景点丰富度
	项目感知	对低空旅游项目是否满意
		对健康旅游项目是否满意
		对科技旅游项目是否满意
		对研学旅游项目是否满意
		对非遗体验旅游项目是否满意

　　根据游客满意度作用路径系统和对美国顾客满意度模型（ACSI）的参考，本章选取了"游客特征""设施感知""服务感知""环境感知"以及"项目感知"作为游客满意度影响因素的五个维度。并在此基础上，设置可量化指标作为观测值以对五个维度进行数据分析。

　　"游客特征"维度主要由受访者性别、年龄、学历、收入和是否四川籍贯所组成的个人社会信息特征以及是否去过川西地区旅游、出游状态等个人旅行状态特征构成。该维度通过对受访者的个人社会背景和出游经历进行统计，可以得到所需的受访者画像信息，其作为第一层指标，将会对其他指标的评价产生根本性的影响。

"设施感知"维度对景区基础设施状况进行了游客满意度调研，其主要由交通便捷度、卫生间数量及其卫生程度和旅游信息化建设程度等指标构成。本章分析认为，这些指标会通过出行便利度对游客满意度产生影响，因此将其作为研究的考虑因素。

"服务感知"维度的关注点在于景区提供的服务质量以及相应的服务价格，这主要通过住宿条件及其价格、餐饮质量及其价格、购物环境及其价格、景区门票价格来反映。作为后期开发的旅游景区，经营方的服务水平将决定游客对于景区的主观评价，并会在相关信息平台产生较大影响，因此需将其作为重要影响因素之一加以考虑。

"环境感知"维度则从景区环境角度出发，研究受访者对于景区观感以及配套设施的满意度，该维度包括：人文/自然景观的选择、安全设施、景区秩序、标牌清晰度、景观质量以及景点丰富度。

"项目感知"维度是本书关注的重点之一，研究受访者对川西景区新建旅游项目的满意度评价，可以通过量化数据对其建设效果和未来发展前景做深入分析。

此外，本书还对受访者在目标景点旅游的整体感受进行调研，作为游客满意度的综合指标，提供游客整体满意度数据。

根据上文分析，本章参照美国顾客满意度模型（ACSI）并结合研究样本具体情况，构建游客满意度模型，如图3-2所示。"游客特征"作为受访者人

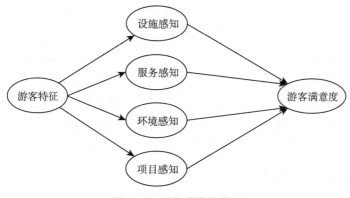

图3-2　游客满意度模型

物画像，会对本章的四个感知维度产生直接影响，进而间接影响整体游客满意度水平。图中所示维度除了"游客满意度"拥有"非常满意""满意""一般""不满意"和"非常不满意"五个量化指标可供度量外，其他维度均为潜变量，需要通过表 3-3 涉及的相关观测变量予以量化。

通过上述模型与调研数据的结合，一方面可以发现不同特征受访者的旅游感知偏向性，另一方面也可以得到游客满意度与四个感知维度间的关系，为相关景区未来提高整体服务质量、改善游客体验提供数据支撑。

3.3 调查结果分析

为了更好地利用川西地区自然和人文资源，提升旅游项目服务质量，助力当地旅游经济发展，本章对问卷结果进行数据分析。研究团队共向当地游客发放 1 460 份调查问卷，回收 1 005 份，回收率 68.84%。在回收的 1 005 份问卷中，剔除实质信息空白问卷、作答时间小于 2 分钟的样本，共保留有效问卷 819 份，问卷有效回收率 56.10%。

3.3.1 信效度检验

本章对回收问卷结果进行了 KMO 检验和 Bartlett 球形度检验，结果表明 KMO 值为 0.841，满足因子分析的要求，同时 Bartlett 球形度检验近似卡方值为 802.065，显著性 0.000，在 1% 水平上显著。综合考量，回收问卷数据各项间具有较好的相关性，可据此进行因子分析（表 3-4）。

表 3-4　KMO 检验和 Bartlett 球形检验

KMO 取样适切性量数		0.841
Bartlett 球形度检验	Approx. Chi-Square	802.065
	df	435
	sig.	0.000

对问卷中所有项进行信度分析，计算得到 Cronbach Alpha 信度系数。经检验，所有问卷项均满足信度和偏峰度要求，可加入总体进行信度检验。数据表明，游客感知和整体满意度共 30 个测量指标的 Cronbach Alpha 信度系数达到 0.831，说明问卷结果具有较高的可信度。

3.3.2 受访者信息特征分析

在问卷调查受访者中，性别分布较为均衡，男女占比分别为 49.4% 和

50.6%；在年龄层次上，青壮年占受访者中的多数，是景区重要的旅游群体，对游客满意度水平具有较强影响。具有本科学历的受访者占样本记录的66.7%，当地游客的知识水平处于较高水平；年收入低于10万元的受访者则超过了77%的样本量，这表明价格敏感是游客群体的典型特征，景区相关服务的价格水平将在很大程度上影响游客对其满意度水平。74.1%的受访者来自四川省内，这与景区所处地理位置相关；而外省游客占比25.9%，也是不可忽视的旅游消费群体。从出游状态分析，群体出游是主流方式（约91.4%），本书据此推断景区提供的群体性项目将更受青睐。表3-5为受访者信息特征表。

表3-5　受访者信息特征表

		人数	百分比（%）	均值	标准差
性别	男	409	49.4	1.51	0.503
	女	410	50.6		
年龄	小于18岁	31	3.7	2.62	0.956
	18～29岁	454	55.6		
	30～39岁	172	21.0		
	40～59岁	125	14.8		
	大于59岁	37	4.9		
学历	大专及以下	109	12.3	2.09	0.574
	本科	546	66.7		
	研究生及以上	164	21.0		
收入	年收入<3万元	40	4.9	2.93	0.787
	年收入3万～6万元	161	19.8		
	年收入6万～10万元	439	53.1		
	年收入>10万元	179	22.2		
是否来自四川省	是	603	74.1	1.26	0.441
	否	216	25.9		
出游状态	亲子	273	33.3	2.10	0.970
	夫妻（情侣）	267	32.1		
	朋友	215	25.9		
	独自	64	8.6		

3.3.3 游客满意度因子分析

本章对影响整体游客满意度的影响因素进行了探索性因子分析、相关性分析与描述性统计。表3-6为游客满意度探索性因子分析。

表 3 - 6　游客满意度探索性因子分析

	因子 1	因子 2	因子 3	因子 4	因子 5	因子 6	因子 7	因子 8	公因子标准差	整体相关性	均值	标准差
安全设施	0.645	-0.011	-0.263	-0.355	-0.183	0.167	0.181	0.055	0.296	0.397***	1.300	0.459
卫生间数量	0.606	-0.066	0.430	-0.049	-0.326	-0.071	0.060	0.079	0.285	0.326***	1.570	0.569
住宿条件	0.606	-0.236	0.186	0.033	0.061	0.302	-0.342	-0.182	0.292	0.339***	1.570	0.546
景点丰富度	0.601	-0.114	-0.197	-0.327	0.393	-0.029	-0.124	-0.164	0.299	0.306***	1.260	0.441
信息化程度	0.576	-0.344	0.232	-0.148	-0.069	0.204	-0.145	-0.181	0.279	0.398***	1.590	0.608
标牌清晰度	0.553	0.013	-0.168	0.043	0.042	-0.258	0.261	-0.283	0.262	0.070	1.460	0.613
购物消费水平	0.551	0.016	-0.036	0.355	0.244	0.048	-0.464	-0.117	0.291	0.437***	1.430	0.590
购物环境	0.545	-0.422	-0.048	0.047	0.294	-0.018	0.131	0.135	0.261	0.399***	1.530	0.593
住宿价格	0.536	-0.093	0.039	0.178	0.029	-0.116	0.435	-0.055	0.230	0.151	1.600	0.563
卫生间卫生条件	0.509	0.062	-0.110	-0.239	-0.329	-0.425	-0.051	0.141	0.278	0.209**	1.580	0.610
餐饮消费水平	0.478	-0.230	-0.254	0.369	-0.423	0.063	0.138	0.082	0.293	0.115	1.490	0.573
科技旅游项目满意度	0.283	0.617	-0.090	-0.079	-0.015	0.219	-0.011	0.300	0.231	0.241**	1.380	0.603
森林康养旅游项目满意度	0.463	0.535	-0.116	0.032	-0.167	-0.342	-0.127	-0.008	0.289	0.399***	1.410	0.628
研学旅游项目满意度	0.290	0.530	0.371	0.134	0.125	0.146	0.145	0.157	0.138	0.074	1.420	0.610
非遗体验旅游项目满意度	0.302	0.490	0.395	0.276	-0.114	0.150	-0.106	0.103	0.206	0.334***	1.320	0.566
健康旅游项目满意度	0.403	0.343	-0.431	-0.267	0.149	0.274	-0.177	-0.143	0.292	0.107	1.400	0.585
门票价格水平	0.332	0.308	-0.183	0.620	0.104	-0.063	0.017	-0.275	0.279	0.076	1.520	0.635
景观类型偏好	0.415	0.254	0.415	-0.492	0.221	-0.072	0.056	0.128	0.278	0.190**	1.420	0.497
旅游秩序	0.457	-0.068	-0.091	-0.085	-0.568	0.272	0.016	-0.087	0.281	0.332***	1.410	0.608
交通便捷度	0.424	-0.113	0.222	0.025	0.153	-0.620	-0.161	0.043	0.291	0.239***	1.460	0.593
景观质量	0.297	-0.074	0.303	0.083	0.300	0.246	0.515	-0.113	0.199	0.091	1.440	0.570
低空旅游项目满意度	0.456	-0.067	-0.467	0.139	0.292	0.053	0.111	0.523	0.293	0.241**	1.380	0.603
餐饮质量	0.288	-0.485	0.211	0.195	-0.054	0.060	-0.237	0.512	0.295	0.159	1.570	0.546

注：满意度度量表为 1-非常满意，2-满意，3-一般，4-不满意，5-非常不满意；*，**，*** 分别表示在 10%，5% 和 1% 水平上显著。

从均值上看，所有指标均值小于3，问卷涉及项均获得了大部分受访者正面评价，景区营销管理处于健康状态。游客满意度最高的指标是景点丰富度，其次是安全设施和非遗体验旅游项目，数据表明，大部分游客对这三项指标具有较高的评价，其当前在保持和提高游客满意度层面发挥积极作用；而住宿价格的满意度得分最低，趋于"一般"评价，其次是景区建设信息化程度，这表明景区在上述两个层面的工作成效难以提升游客旅行体验，进而更难以对潜在消费者产生吸引力。各项得分的标准差均小于0.65，受访者对于问卷设置问题的观点分歧不大。

从整体相关性观察可发现，大部分观测指标最终会对游客整体满意度造成显著影响，而结合游客满意度调研结果，又可借鉴IPA法将问卷项目划分为优势区、维持区、改进区和弱势区四个维度。其中，以游客满意度的量表值3为纵轴分界点，以整体相关性显著水平10%为横轴分界点，划分四个二维区域。

表3-7通过IPA法对问卷项进行分类，优势区的观测指标占比较高，表明与整体满意度相关性较高的项目大多处于高满意度水平，景区当前治理水平良好；而弱势区的5项指标则有较为重要的改善需求，从而进一步提高游客满意度，促进景区的良性长期发展。

表3-7　IPA评价指标分类

维持区			优势区		
卫生间数量	住宿条件	信息化程度	安全设施	景点丰富度	购物消费水平
购物环境	卫生间卫生条件		科技旅游项目满意度	森林康养旅游项目满意度	非遗体验旅游项目满意度
			景观类型偏好	旅游秩序	交通便捷度
			低空旅游项目满意度		
改进区			弱势区		
住宿价格	门票价格水平	餐饮质量	标牌清晰度	餐饮消费水平	研学旅游项目满意度
			健康旅游项目满意度	景观质量	

3.3.4　结构方程模型结果分析

将问卷收集数据加入上节建立的结构方程模型中，经过计算，得到图3-3所示结构方程模型的标准化解。

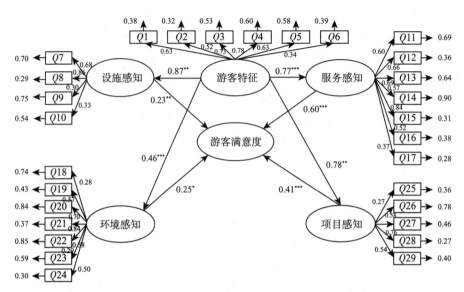

图 3-3　游客满意度结构方程模型的标准化解

路径系数表明，游客特征会对受访者各项感知之间产生显著影响，即得分标准越高（个人特征信息综合得分越低），其满意度越高。这说明将游客的个人阅历与收入—消费水平加入评价出游感受的影响因素之中很有必要。

此外，各项感知满意度最终对整体满意度的影响也是显著的。其中影响最强的是服务感知，路径系数为 0.60，在 1‰ 水平上显著；其次是项目感知，路径系数为 0.41，在 1‰ 水平上显著。而设施感知和环境感知路径系数虽处于显著状态，但系数绝对值相对较小。这一方面是由于来此景区出游的旅客大多来自四川省内，并无在景区内食宿需求，因而影响不是特别显著；另一方面，作为景区其设施与景观在同行业中具有同质化特征，难以引起游客的感官溢出，与之相对的服务和经营方涉及的项目则是景区间差异化竞争的焦点，在对游客满意度的影响路径上具有重要作用。

3.3.5　数据分析解读

综合上述分析，所研究景区当前经营管理状态良好，能较好地满足来访旅客的需要，将游客满意度维持在较高水平。但游客对设施层面项目满意度整体处于相对较低水平，未来具有较高的提升空间。而服务和旅游项目维度的观测指标均得到游客的广泛青睐，是游客满意度最重要的增长点和维持点。

基于景区在游客满意度层面当前存在的短板和优势，本章对其未来的运营提出以下建议：

第一，在不影响其他活动开展的情况下，加强对景区设施的建设和改造，提高游客在景区内游览的便利度，并改善相关设施的舒适度。

第二，重视景区信息化建设程度，积极与国内主要旅行平台对接，提高品牌知名度并提高旅客的信息可获取度，同时也能扩大省外客源，提高经济效益。

第三，继续保持景区在服务和项目设计上的优质表现，并在现有基础上根据游客反馈情况加以提升。可将其作为景区标志，在对外宣传中予以强调，扩大游客满意度外循环效果。

3.4　小结

本章在前期准备工作中进行了全域旅游技术开发区的现场调研，通过线上与线下方式搜集相关数据，结合现有研究和已有案例，阐释全域旅游的基本概念与实际应用。并以川西地区旅游产业升级为例，根据当地特色与经济社会发展情况，构建全域旅游业发展生态模型；参考美国顾客满意度（ACSI）模型，设计游客满意度指标体系，构建游客满意度结构方程模型，形成有效的游客满意度反馈机制，为景区旅游业的可持续发展提供长期可靠的实证依据，并推广应用到整个四川川西地区全域旅游开发进程中去。这即是基于游客满意度影响因素与结构方程模型的应用，构建符合少数民族全域旅游特色的游客满意度指标评价体系。进一步的，在全域旅游技术开发区逐步建立全域旅游场景和机制，进行民俗文化旅游、区域协调发展、游客满意指数度量、大数据中心集成、可持续发展旅游业发展模式的综合示范。运用问卷调查方法，从人口特征、设施感知、环境感知等角度对川西地区实验景区的游客进行随机调查，采用统计学和人类行为学的相关知识对采集数据进行处理，明确各因素对游客满意度的作用路径和反馈效果，从而构建游客满意度评价指标体系，并由此推演出全域旅游发展研究的一般性结论。

4 构建川西地区全域生态及文化旅游机制

全域旅游概念的最早界定出现在文化和旅游部《关于公布首批创建"国家全域旅游示范区"名单的通知》中，指出全域是一个特定的区域，作为旅游者的特定旅游目的地，在此基础上，依据区域特色和发展规划整体布局区域旅游项目，实行综合的、统筹的管理模式，采用一体化的市场营销模式，进而推动全区域、全要素旅游产业链的统一发展，最终构建全域共同发展、全融合、共享和共赢的全域旅游发展模式。

4.1 川西地区全域生态及文化旅游发展现状

4.1.1 川西少数民族地区旅游景观存在的问题

与国外发达国家相比，川西少数民族地区的旅游起步较晚，与少数民族地区旅游景观的快速发展相比，川西旅游业相对发展缓慢。在中国少数民族地区，旅游景观的发展主要集中在改变传统景观和创造新景观两个方面。在变化和创造的过程中，由于缺乏理论指导和系统规划，出现了一系列矛盾，少数民族地区旅游景观存在以下问题需要解决。

（1）产品单一且景观单调

目前，川西少数民族地区旅游景观的开发仍然是在原有自然景观和村落生态景观的基础上进行的。由于景观的季节性特点，旅游设施在旺季过度拥挤以及非季节性的不活动，使得川西少数民族地区尚未实现正常化旅游，旅游效益无法提高。所有的景观都注重形式美，游客无法参与其中并与之产生共鸣。

（2）缺乏景观功能性

川西少数民族地区的旅游景观，特别是少数民族地区的文化景观和聚落景观，追求效率，忽视细节，景观简单，造型差，装饰性低，对游客的吸引力较小，无法满足基本功能的需求。主要问题如下：风景名胜区休闲功能不足，游客休闲舒适度差；在一些风景如画的地方，缺乏系统的交通管理导致过度拥挤；旅游者的个性化需求，如住宿、购物和娱乐没有得到充分考虑。此外，少数民族地区旅游业还没有与城市形成先进的交通网络，城市配套设施和旅游服务商品有待完善。

（3）缺乏景观生态性

在城市化背景下，川西少数民族地区忽视了生态环境的保护，利益驱动下盲目在少数民族地区引进现代形式的旅游产品，忽视了传统农业旅游资源的开发，造成了高昂的建设成本和生态环境的恶化。

许多少数民族地区经常利用城市元素在少数民族地区建设旅游景观设施。例如，房屋上的红砖和白瓦取代了少数民族的历史景观建筑；自然生态碎石路已被铺砌的道路取代；城市景观的建筑设计强行应用到少数民族地区的旅游景观中。

（4）川西景观的特色尚未得到充分开发

每个少数民族地区都有一个不同于其他少数民族的具有地域文化特色和优势的故事或独特的文化景观。一张独特的文化地图是一种文化符号，它将这个地方与其他地方区分开来。它是无形资产的集中，重点强调当地的财产和属性。由于地理位置的不同，川西少数民族地区景观的区域差异十分明显。在少数民族地区创建旅游景观时，应体现其地域特色，以确保景观的效益。

目前，大多数少数民族地区的旅游景观开发，照搬其他少数民族地区的旅游景观设计，没有自身特色。同时，旅游村落文化景观的独特品位被忽视，少数民族地区的文化遗产没有被充分了解，具有开发性强、破坏严重的特征，没有对文化遗产的保护意识。

4.1.2　全域旅游视角下川西地区旅游现状分析

在全域旅游新形势下，川西旅游是一个新的发展，被赋予了更大的价值和使命。全域旅游业为川西地区的旅游业发展迎来了新希望。因此，本书从世界旅游业的独特视角，审视中国少数民族地区旅游景观的现状，以促进中国少数民族地区旅游景观的优化。

（1）缺乏系统全面的规划

在开发利用川西旅游资源的过程中，各地区部门往往忽视旅游目的地的整体协调及其意义。譬如，一旦有旅游地取得成就，其他地方就会效仿，这使得同一地区的村庄制定了不同的旅游规划。这也使川西旅游景观和旅游景区落差大、完整性差、缺少地方特色。

重复建设的情况严重，酒店和餐厅缺乏，旅游资源开发的总体模式简单，没有互补性，对旅游客源市场没有吸引力。与此同时，川西旅游公司盲目投资开发，考虑自身利益，缺乏系统规划，导致旅游内容相似，旅游环境不够独特。

这意味着，我们可以通过全域旅游的理念来制定川西旅游业的总体规划。旅游目的地的泛景区化是整个全域旅游的新需求，也是解决旅游景区未来发展问题的一种手段。

(2) 缺乏有效的资源整合

目前，川西旅游业的发展仅仅是风景名胜区的建设和宾馆饭店的改造，分布形式是分散的。在水利设施方面，仅满足灌溉、防洪、排水功能，未形成川西旅游景区，无审美度假价值；在川西交通布局中提供人性化的设施，既要履行交通功能，又要加强道路场景的效果；除了完成川西生态功能外，还应考虑自然生态景观的吸引力；除了满足农业生产外，还应适当考虑旅游需求，如季节性收获和节假日；结合川西环境建设，努力为村民和游客创造一个幸福的家园。

(3) 缺乏全域景观的保护

随着旅游业的不断发展，人流量和交通问题突出，川西生态系统受到严重挑战，生态环境破坏问题日益严重。传统社区住宅的内在特质模糊，现代建筑强行模仿传统民居的外观。同时，对生态环境保护不足造成的生态破坏是无法弥补的。

川西旅游业的发展，使得耕地和农用地被用于开发旅游项目，农业遭到一定程度的破坏，在川西发达地区尤为明显。一些地区更多采用现代城市设计，动植物不断减少，西式房屋和高层建筑不断增多。

川西景观建筑有着悠久的建筑历史，这些建筑没有得到适当的保护，就算在重建时也并没有防护意识。在川西旅游开发过程中，川西自然景观的理想状态和人与自然的和谐则被蓄意破坏。

4.1.3 景区服务体系存在的问题

(1) 川西基础设施建设缺乏科学合理的总体规划

近年来，川西景区的主要管理目标是全面提升服务体系。但是，没有专业的服务体系规划和总体工作计划，也没有统一的行动。有些景点具有先进性，有些景点则处于非常落后的状态，川西地区发展极不平衡。至于什么可以改进，如何改进，如何评价改进的效果，并没有科学的解决方案，也没有合适的解决方案，更没有数据监控和清晰全面的数据分析。但是，服务体系的升级关系到景区的经济收入和社会声誉，应当对此加以重视。近年来，景区游客人数虽略有增加，但门票收入和利润却一直呈下降趋势，这表明二次消费动力不足，区域内配套服务消费也很受限。受区域经济和周边竞争的影响，部分景区经营状况惨淡，亏损严重，只能停业整顿。

（2）川西风景区公共信息建设不完善

旅游公共信息平台建设不完善，缺乏全面的区域公共信息平台。目前，景区信息向公众发布以川西三大旅游服务为主，其他景区自发发布的信息相对较少。这在风景名胜区连接公共信息时所得到的效果较差。同时，川西地区的公共信息传播往往很滞后，信息内容无法满足游客的好奇心或吸引游客的注意力。离开川西地区的服务后，游客无法及时联系到公共信息。因此，在风景名胜区规划中，应注意旅游公共信息平台的建设。

旅游公共信息管理机构的地位薄弱，缺乏公共信息管理人才。川西景区没有专职人员负责公共信息建设。政府职能要靠企业，企业要靠政府扶持。受川西地区零散、独立的企业分布和营销保护政策的限制，企业无法无私、全面地共享信息，区域间旅游信息不对称制约了企业的发展。例如，没有公共信息平台传达开放和封闭公园的通知或者特殊情况下的特色活动，川西全景区的旅游标识不统一。总体来看，川西地区存在秩序混乱，英文解释错误百出，基本标准信息更新滞后，标志陈旧、破损、缺失等问题，以及未及时定期更换标志，导致景区不得不自行更换，出现不符合景区统一标准等现象。川西地区路标不齐全，数量覆盖不够，特别是川西地区的自驾游客，他们不知道该地区的交通路线和旅游路线，迷路后经常需要问路或停止旅行。自驾导游等新形式的公开信息不完善，自动驾驶导游仍然依靠人工讲解。电子导航配套设备不够完善，无人驾驶出行信息平台没有统筹规划。

（3）川西风景名胜区旅游安全服务体系亟须升级

安全设备陈旧，升级成本高。大部分业务领域基础设施陈旧，川西地区软件更新成本高，更新不及时。除了人为造成的损害外，还有监管的缺失，由于川西地区资金的匮乏，资金的拨付只能关注短期亟须处理的事务，而不能有一个长期的计划来统一规划。

川西地区的安全生产体系总体而言仍然存在不足。虽然许多景区持续完善川西地区安全管理体系、安全预案和应急管理体系建设。但是川西地区缺乏专业机构来帮助完成相关工作。同时，川西地区的安全援助能力仍然薄弱，地理环境的复杂性也造成发生事故等紧急情况后救援的时间可能不及时从而造成游客的人身和财产损害。在每年的旺季，川西地区都经常会发生人员失踪、受伤、溺水甚至死亡的情况。川西地区缺乏有效的安全隐患排查机制，景区仍然依靠人的监督。旺季和节假日期间，整个川西在隐患排查、安全生产专项、督察组检查、企业安全制度管理和现场管理等方面投入了大量精力。但由于川西地区专业安全管理人才短缺，这使得工作人员的任务量和工作量都大大增加。

4.1.4 景区治理存在的问题

在全域旅游业背景下，川西旅游景区的管理虽然取得了较好的成效，但由于治理和措施不力，治理上还存在不少问题。主要体现在规划实施滞后、法律法规不完善、产权划分不清、体制机制不健全、资源保护不足以及环境污染严重。

(1) 规划实施力度滞后

2016 年，大理被评为首批"国家全域旅游示范区创建单位"，从此，少数民族地区旅游正式进入全域旅游大发展时代。作为全域旅游发展的核心功能区，少数民族地区旅游资源的开发和保护应以景区规划为基础，更好地展现区域旅游发展的科学方向和解决方案。目前，虽然少数民族地区相关政府和旅游景区单位制定了一系列规划方案，对地区进行开发和保护，但由于缺乏长期实施，规划效果并不理想。此外，在区域旅游规划方案的实施中，存在着综合性和全局性不足的问题。

(2) 相关法律法规制定不完善

目前，我国少数旅游景区管理的法律法规相对较少，尚未建立起完善的景区管理法规体系。少数民族地区旅游景区管理总体规划基本按照上级现行法律法规执行。地方旅游景区管理法律法规相对缺乏，即主要依据《中华人民共和国旅游法》和《风景名胜区评级标准（评分规则）》制定。尽管政府制定了一系列有关旅游景区管理的政策法规，但由于缺乏完善的配套体系，治理效果没有达到预期目标，这延缓了该地区旅游景区治理的进程。同时，这不利于促进区域旅游景区法律治理过程的现代化，甚至有可能降低区域旅游景区的整体治理水平。总之，少数民族地区旅游景区治理相关法律法规的制定需要进一步加强和完善。

(3) 旅游景区产权分割不清

在我国，风景名胜区的产权主要分为风景名胜区所有权、风景名胜区开发权、风景名胜区经营权和风景名胜区保护权。随着少数民族地区旅游景区公司性质日益明显，"四权"混合共存的现象也日益增多。第一，就旅游景区的所有权而言，少数民族地区公共旅游景区的所有权属于国家，该地区的地方当局只有管理该机构的权利，这种分离式管理模式并不利于对景区实施整体优化管理。第二，从旅游景点开发权的角度来看，少数民族地区的地方政府拥有招商引资的权利，然后将旅游景点的开发权过度交给开发商，但由于较明显的逐利性，会导致旅游景点的过度开发和游客流失。第三，从旅游景区经营权上看，少数民族地区的地方政府和企业家将旅游景区的经营权委托给第三方，第三方负责景区的日常运营，而经营者则追求短期经营。长期经营要基于利益优先的原则，不顾长期利益会加深区域内旅游景区的各种冲突，不利于旅游景区的和谐发展。目前少数民族地区旅游景区的保护权属于当地政府，该地区的旅游景点需要大量的人力、物力和财力，会给当地政府管理带来很大压力。

（4）景区内仍有安全隐患

在传统意义上，旅游景点的安全主要包括"旅游食品安全、旅游住宿安全、旅游出行安全、旅游购物安全和旅游娱乐安全"。作为该地区的热门旅游景点，少数民族区域旅游景区仍存在许多安全隐患。首先，在食品安全方面，虽然各市成立了非政府组织，如食品和饮料行业协会，但仍然有一些食品工业安全设备较为落后；其次，在住宿安全方面，仍然存在一些问题，如青年旅舍的居住环境差，客栈内交通噪声防范措施不足，消防设备分布不合理。此外，在旅游出行安全方面，景区的高峰出行时间和车辆高峰出行时间之间存在冲突，这很容易造成交通堵塞和交通事故。最后，在旅游购物和旅游娱乐安全方面，仍然存在假冒旅游产品、变相欺骗购物、网购诈骗受贿以及以探险、科研为主的旅游项目安全准备宣传教育缺乏等诸多问题。

4.2　川西地区全域生态及文化旅游机制的构建

随着互联网技术的快速发展和文旅市场需求的不断增长，旅游业已进入智慧旅游时代。信息贯穿旅游活动的全过程，是决定旅游质量的关键。但在文化旅游建设过程中，仍存在景区治理问题，因此构建设计科学有效的川西地区全域生态及文化旅游机制，可以整合各方资源，实现旅游信息服务资源共享，避免重复建设，满足游客的多样化需求，优化景区管理的各项服务和功能，对整个旅游区的旅游发展十分重要。

4.2.1　景区服务体系优化措施

（1）改善旅游公共基础设施

在互联网的影响下，川西形成了智能风景区。全面覆盖川西地区无线网络，实现景区电子宣传和自助终端推广，集成大数据计算，检测川西车辆和游客数量，充分发挥大数据对游客的调度作用，实现智能导航，并利用虚拟现实技术实现了川西游客先体验后参观的新奇体验。同时，可以利用区域网络实现游客的移动导航。川西公共区休息空间的建设应更加人性化，融入游客体验，景区旅游信息和资源的拓展应融入川西地区，如单独的儿童娱乐区和大型活动中的特殊群体特别会议、残疾人公共区域。

川西全力推进软硬件设施建设，营造温馨舒适的风景环境。根据川西地区 AAAAA 级景区标准，川西地区更新了各景区部门的标识牌和景区公告牌，改善了该地区的第三卫生间和其他旅游基础设施；升级川西智能出纳系统，实现移动支付和智能订购。

（2）拓展旅游公共信息服务

川西在"旅游＋互联网"方面，利用科技和互联网开辟旅游之路，充分发挥新媒体和互联网在景区营销推广中的作用，加强与川西旅游信息共享平台的深度合作，充分利用新媒体 VR、短视频、直播等，全面展示川西地区旅游资源和产品。

加强川西强大网络信息平台管理，将网络宣传与细分市场管理相结合，准确发布川西网络信息，在网络平台全面更新产品信息，告知访问者具体的访问时间和访问方式。利用川西地区的网络化优势，打造游前咨询、购票、游中智能讲解、游后建议和评论的闭环模式，提升旅游现代化和科技水平。

川西各服务中心在景区内分别配备 3D 导游设备、综合信息咨询平台、导游地图、旅游咨询手册、门票介绍信息等。同时，这两个景区还具有发布川西失物招领信息和通报当地天气情况的功能。每个服务中心都配备了一本旅游意见书和一部旅游投诉电话。景区入口处有一个公共信息服务平台，如游客服务中心、自驾旅游接待中心、广告等公共信息服务，以及自助导游设备站。因此，在景区未来的布局中，应该在川西每年接待数百万游客的景区设立多个旅游服务中心。

（3）推进精品化特色服务

鉴于川西地区的特殊性，我们定义了不同的服务流程。不同的服务在川西有不同的实际流程，如旅游服务接待细分会区分一般游客、团队游客、特殊旅游群体、行政接待、免费接待等类型；在服务质量反馈机制中，按照情况的优先顺序处理投诉；旅游服务的安全管理也细分为不同类型的安全控制；川西景区用于景区调度和内部通信的信息也受内部信息和外部信息的控制；景区固有旅游资产的管理也被明确细分。

（4）完善旅游安全保障服务

安全设施、设备的管理由专人负责定期检查。川西应每月对旅游服务中心各部分的安全进行全面检查，包括消防安全、川西治安、设施设备安全、交通安全等，并制作月度安全自查报告。

在安全监管方面，工作人员和安全员的数量不能满足需求。景区安全和医疗救助应该是联动机制。川西景区要完善详细旅游应急预案，并由专业审计机构进行审查，进一步细化应急预案的相关要求。川西地区应明确划分安全防范、隐患排查、安全报警、救援、疏散等职责，并明确职责分工，根据国家相关要求，每年在川西地区至少安排两次消防演习。

4.2.2 景区治理体系优化措施

(1) 加强旅游景点的规划和实施

少数民族地区旅游景区综合管理要解决的主要问题是加强规划实施。首先，该地区旅游景区的整体管理应以策划为先决条件，运用创造性思维，规划旅游景区整体管理新思路，增加新的管理力量，最大限度地挖掘和发展规划人才，通过创新激发区域吸引力，实现综合治理和可持续发展目标；其次，按照新思路，制定旅游景区整体管理方案，为旅游景区整体管理提供新途径。在综合管理过程中，规划必须遵循时代进步的原则，打破传统的标准管理方案，结合实际管理情况，制定具有地方特色的综合管理方案。规划方案既要遵循旅游市场经济发展规律，又要尊重自然规律。既要尊重历史文化特色，又要尊重公众对旅游景点开发的意愿。总之，民族地区旅游景区综合管理规划应立足当地实际，以科学管理为指导，提高区域内旅游景区的整体管理水平，促进其在良性循环中发展。

(2) 完善旅游景区相关法律法规体系

法律法规体系是民族地区旅游景区综合管理的根本保证。目前，该地区旅游景区管理的相关法律法规不完善，容易在综合管理过程中产生治理漏洞，导致治理失败等问题。因此，为了弥补该地区风景名胜区管理中的漏洞，首先，旅游相关单位要抓紧提高景区综合管理法制化水平。其次，加强和完善旅游税收相关法律法规的制定，提供充足的财税。对相关旅游景区管理征税，也是解决景区门票纠纷的有效途径之一。再次，要加大对旅游景区违法违规行为的处罚力度，使破坏旅游景区正常发展秩序的相关主体付出沉重代价；另外加强和完善地方性法规和政策的制定，如制定旅游景区管理条例、旅游景区保护条例，处罚经营者的不良行为，并将其纳入黑名单。最后，继续完善和加强旅游景区监控网络法律法规的制定，净化旅游景区环境空间，为信息网络建设和治理提供良好的网络环境。总之，在民族地区旅游景区综合管理过程中，必须制定一套完整的、现代化的旅游景区管理法律体系。

近年来，随着游客数量的大幅增加和景区开发的不规范，少数民族地区的景区环境受到污染和严重破坏。针对该片区的生态环境问题，政府及相关单位需要继续采取有力措施，对片区实施高压治理。但是，由于综合治理方面的财政投入有限，该区域景区的有效治理进程受到了严重影响。因此，应努力拓宽投资管理和融资渠道。一是前期加大投入，为区域旅游景区综合管理提供资金保障。二是努力引进 PPP 投资项目，发展和充分利用 PPP 模式，为区域旅游景区综合治理提供有力支撑。三是完善民间投资和民间资本进入旅游景区的机制和渠道，充分发挥民间资本的力量，为川西旅游景区提供资金来源。建立"政府＋市场＋公众"的投融资渠道，是民族地区旅游景区综合治理的可行选择。

（3）加强旅游基础设施建设投资

目前，在综合治理过程中，少数民族地区旅游景区基础设施建设投资存在不平衡。A 级旅游景区与非 A 级旅游景区发展差异明显，基础设施投资差异较大。前者获得的投资远远多于后者，后者的"边缘化"更为突出。同时，"互联网＋旅游"基础设施建设也相对缺乏。因此，在下一轮综合管理中，少数民族地区旅游景区综合管理策略和措施要适当向非 A 类等边缘化旅游景区倾斜。此外，要加强和完善旅游景区志愿服务体系，在旅游旺季为游客提供更加全面的服务。总之，构建符合当地实际情况的旅游基础设施建设链是突出重点。

（4）改善旅游景点的安全和卫生服务

在全域旅游业背景下，虽然少数民族地区旅游景点的安全卫生服务水平有所提高，但仍存在一些安全隐患，卫生服务水平较低。因此，有必要加强、改善和提高该地区旅游景点的安全卫生服务水平。首先，关于旅游景区的安全风险，目前少数民族地区旅游景区的安全风险主要出现在 A 级旅游景区和非 A 级旅游景区的外围，虽然在这些地区设置了综合安全管理舱室，但旅游景区综合治理水平明显偏低，安保措施不完善，这就使得相关部门对边缘旅游景区和旅游景区开发薄弱地区开展了高强度监控。例如，配电网的各种建筑物和设备的科学规划和标准化，定期检查影响景区安全的相关负面因素，或者使用网络监控系统等高端监控设备来监控影响整个景区安全的不利因素。其次，在提高旅游景区卫生服务水平方面，少数民族地区旅游景区卫生服务水平尚未达到全域化水平，生态环境卫生服务主要集中在表面处理上。相反，该地区旅游景点地下通道、下水道和其他区域的固体废物处理不足。因此，民族地区旅游景区的综合管理应坚持"内外兼顾"的原则，采取必要措施以提高该地区旅游景区的安全卫生服务水平。

（5）加强风景名胜区旅游景观保护

随着区域旅游发展战略的推进，少数民族地区旅游景区的开发也带来了良好的机遇。但由于少数民族和旅游市场监管的有力措施，景区商业开发过度，污染严重，景区资源也受到不同程度的破坏。其次，景区的过度商业化和同化发展也较为突出，一定程度上降低了该区域景区的核心吸引力和竞争力。特别是在历史文化资源和人民文化资源的修复中，没有坚持"养老"的原则，古城、名胜古迹、公共建筑等遭到严重破坏。再次，景观污染是破坏景观资源的重要影响因素之一。因此，解决景区环境污染问题，是本景区首先要考虑的问题。总之，在民族地区旅游景区综合治理过程中，制定长效管理措施，采取科学合理的综合治理方法和措施，是保护当地人民资源、名人名胜和历史文化名胜的最佳途径之一。

（6）提高景区公共资源的供给服务水平

随着整个区域风景名胜区的推广和发展，少数民族地区风景名胜区的环境承载力受到了严重的挑战。由于受景区土地少、人口多、地价高、房价高、物价高等因素的影响，该地区景区公共资源稀缺性更加突出。旅游相关单位要完善景区公共资源供给、租用制度，扩大招商引资规模，提高 WiFi 等公共资源的覆盖率，改善景区公共资源的供给服务水平。

4.3 构建川西全域旅游及文化旅游机制的目标

全域旅游发展为文化旅游机制提供了价值指引，在政府、旅游行业从业者以及游客个人的共同作用下，融合成效和质态在不断优化。在川西地区全域生态及文化旅游机制的构建下，"旅游＋"模式的"全域景区"持续完善，并且形成了全民共建、全民共享、全社会参与的良好氛围。

4.3.1 "旅游＋"模式推动产业集聚

"旅游＋"是指旅游等相关产业综合发展的一种形式。"旅游＋"充分发挥吸引和整合旅游资源的能力。我们应该将旅游平台作为一种手段，推动创建产业集聚，与其他部门和产业相融合创造出新的商业形式，通过支持其他部门的发展，有效扩大旅游业的发展领域。

（1）旅游＋体育

根据《四川省体育产业发展总体规划（2019—2023 年）》的布局，为促进四川省体育和旅游产业发展，充分利用全省体育产业和旅游资源，确定了全省体育产业"一核三带五区"的空间布局。

体育旅游资源已成为现代旅游业发展的重要支撑。川西少数民族地区的体育旅游资源主要集中在甘孜藏族自治州、阿坝藏族自治州、凉山彝族自治州等少数民族地区。川西以其优秀的自然和文化旅游资源为基础，有着丰富的体育旅游项目和资源。从总量上看，川西少数民族地区可实施的体育旅游项目覆盖各民族。民族的多样性和数量众多性造就了四川独特的体育旅游资源库。在类型上，有不同的形式，包括歌舞、投影、餐饮、休闲、探险等类型，大多满足游客对体育旅游的需求；在发展方面，一些体育旅游项目虽在市场上还不够成熟，但也具有广泛的可塑性和发展性；在可持续性方面，四川少数民族地区体育旅游项目以一流的自然景观和独特的民俗风情为基础，在可持续发展领域具有独特的发展优势。四川少数民族地区依托丰富的自然资源，结合自身的民族特色，开发了一批体育旅游项目，极大地丰富了四川体育旅游的形式和内容。体育发展的最重要方面是将四川少数民族体育旅游项目进行优化整合，其在四川旅游产业模块中占据重要位置。

随着四川省旅游业的发展，全球旅游、生态旅游、"旅游＋"等新的发展理念逐渐形成。重大体育旅游项目融入四川少数民族地区和现代体育旅游项目的步伐也在加快。以峨眉山、青城为代表的汉文化遗产和以武术为基础的民族体育旅游吸引了国内外武术爱好者的关注。譬如，2016 年，第一届国际山地旅游节在甘孜州风景如画的小镇海洛举行，该活动范围广泛，吸引了行业和媒体精英以及数千名观众的参与。这些活动增强了甘孜州的旅游影响力，并在很大程度上支持了其他旅游项目的发展。琼海是国家级风景名胜区螺髻山的重要组成部分，凭借其得天独厚的自然环境和区位优势，在水利工程方面取得了良好的发展。这使得以帆船、摩托艇、冲浪、划船、龙舟、垂钓、帆板、皮划艇、滑水等为主的水上运动吸引了大量游客。此外，四川地区登山、自驾、保健、漂流等项目也在不断发展。这些日益现代化、日益成熟的体育赛事，对促进各民族体育＋旅游的发展和融合起到了一定的作用。以太子岭、鹧鸪山、毕棚沟滑雪场为代表的冬季旅游持续火热，"阿坝冰雪之约休闲运动之旅"入选全国"2022 年春节假期体育旅游精品线路"。2022 年春节黄金周全州共接待游客 65.45 万人次，实现旅游收入 4.8 亿元。

（2）旅游＋文化

为了增强文化自信，增强文化软实力，强调中华文化影响力，促进文化企业融合发展，中华人民共和国文化和旅游部于 2018 年 3 月批准成立，开启了文化旅游融合发展的新篇章。文化自信是支撑国家和民族发展最根本、最持久的力量。旅游业包括"物质消费"和"精神愉悦"，这与文化有着千丝万缕的联系，反映了人们对美好生活的渴望。因此，促进文化与旅游深度融合的关键在于以下几点：

①"巴蜀文化旅游走廊"。首先，通过"巴蜀文化旅游走廊"建设，完善文化旅游"一核五区"发展布局，推动川西文化旅游深度融合发展。巴蜀文化在"南方丝绸之路"和"一带一路"建设中发挥了特殊作用。"巴蜀文化旅游走廊"的建设，不仅有利于巴蜀文化的传承和弘扬，也有助于构建四川省现代

文化旅游发展体系。巴蜀文化旅游走廊的建设为各地区的"文化旅游走廊"建设提供标准。

其次是依托"基础工程"建设。"基础工程"建设是川西文化旅游高质量发展的重要动力。做好重点文化旅游项目、十字路口和纪念碑建设，打造"栋梁"，建设文化旅游强省。进一步提升重点项目投资吸引力，全面完善协调规划、动态适应、投融资支持、运营分析、定点联系服务、重点文化旅游项目监督评价"六大机制"。重点打造"十大文化旅游产品"。继续建设产业实力强、旅游特色鲜明、知名度高、美誉度高、忠诚度高的"著名旅游区"。

最后，采用"多轴网络结构"，加强整体设计。在落实文化旅游"一核五区"发展总体规定的过程中，应注意将分散的文化旅游资源进一步"互联"为线、群、区，逐步完善以点、线等传统区域发展结构为基础的"多轴网络结构"，整合分散的资源并创造集中的结果。在建设"十大文化旅游产品"项目时，应特别注意各点的互联、互动、协调和总体设计。

②提升"巴蜀文化"影响力。大力推进四川省文化旅游"打造品牌"，是增强巴蜀文化影响力的主要途径。四川的特色是大熊猫、三星堆、九寨沟，这三个是"三九大"文化旅游品牌的代表，具有较强的市场吸引力和品牌知名度。要全面实施"三九大"等品牌建设项目。整合政府、企业、景区等各方力量和资源，共同构建新的"一体化"品牌发展平台，打造"天府三九大，安逸走四川"的品牌综合体和体系，共同提升品牌的整体竞争力。

要充分发挥巴蜀文化的品牌效应和集聚功能，需要以巴蜀文化为导向，着力打造文化旅游大品牌，深入开展巴蜀文化旅游，深入挖掘川西文化遗产资源丰富的共生性和文化价值，支持中国古代文明的保护与传承计划，实现古蜀文明的传承与创新，加强三星堆地区的研究与发掘，开展巴蜀文化遗产的研究、展示与保护，助力金沙遗址申报世界文化遗产，搭建世界古代文化研究平台，宣传好"太阳神鸟"等中国文化遗产标志。

围绕"巴蜀文化"组织重要节日和会议。加快各类节庆活动品牌建设方案的实施，坚持"市场主体、政府引导"的原则，做好川西国际文化旅游节、中国（四川）文化产业博览交易会、中国网络视听大会、中国成都国际非物质文化遗产节、四川艺术节等重要节会活动，做好四川省乡村艺术节、四川音乐季等在全国甚至在世界范围内都具有重要影响力的节会活动。

③完善文化旅游融合发展体制机制。在文化旅游一体化发展框架内，坚持创业创新、模式创新和跨境创新，打破"创新壁垒"，实现跨越式发展。

促进文化和旅游部门的整合，尤其应通过使用市场运营商的新商业模式、商业技术和商业工具来运营传统或新创建的商业形式；以新的产品组合创造文化旅游业的新形式，来满足不同市场的消费需求。

加强文化旅游整合的"创新模式"。文化旅游整合应注意文化与旅游在时间和空间上的"交叉"，促进标准创新。文化旅游城市、博物馆、游乐园、文化旅游综合体等模式融合了文化旅游的诸多要素，具有较强的文化旅游集聚和整合能力。通过动态支持相关项目的设计和建设，我们可以支持文化旅游整合的"创新之路"，如城市文化旅游方式、文化旅游综合体方式、旅游表演方式等。

推动文化旅游整合中的"跨境创新"；在文化产业与旅游深度融合的基础上，加强文化旅游等行业建设。一体化"跨境创新"以"文化旅游＋"为主要发展模式，推动文化旅游与农业、林业、水利、气象、科技、教育、卫生、体育等深度融合，通过"跨境创新"促进文化旅游产业结构的适配来产生并完善"创新的现代文化旅游体系"。

④数字技术支持文化旅游。新科技革命的发展对文化旅游业产生了深远的影响，推动了文化旅游要素的整合、业务的更新、体验的改善和新模式的引入。文化旅游部门的数字化转型已成为确保高质量发展的关键措施之一。

建设人工智能、工业互联网和互联网等新基础设施，是文化旅游部门现代化的基础。新基础设施应以信息网络为基础，以技术创新为核心，以满足新时代的高质量发展需求为指导，为智能现代化、数字化转型和创新集成提供基础设施系统。

多方位打造智慧旅游城市和风景名胜区。在加强"新基础设施"建设的基础上，继续加强四川"智慧旅游"和"城市智慧旅游"建设，大力支持数字图书馆、智慧文化旅游城市、数字文化博物馆和数字文化中心的标准化，建立标准的旅游信息系统。

⑤打造区域文化旅游整合的"微空间"。强化"人文旅游为民服务"，提高人民满意度和幸福感。通过为区域文化旅游的整合创造"微观空间"，文化旅游正从"结构性转型"转向"深度发展"。

支持文化旅游项目"微空间"并不断建设和完善"微空间"，以支持文化旅游"激活"。文化内容在旅游形式中的表达是"内容激活"的本质。第一是文化内容的"静态激活"，主要体现在建筑、景观、旅游古迹等形式上。第二是文化内容的"动态激活"，主要体现在艺术氛围、文化活动及其生活中的动态和"传染性"形式。文化内容的独创性和艺术潜力受到高度赞赏。

进一步加强历史文化遗产、自然遗产、公共文化设施、文化消费品、文化艺术产品、文化创意项目、旅游设施、旅游景区、目的地等文化旅游资源综合开发，以及其他旅游产品和市场、微观资源及其应用场景的识别和研究。

推动文化旅游要素融入"微空间"。除了为游客和有文化体验的人提供一次性的景观感知外，还需要提供一个"微空间"，使他们能够随时随地与人体紧密接触并生活在那里。"微空间"是一个充满人情味和烟雾味的地方，可以刺激人类的情绪和感觉。在文化与旅游融合的背景下，"微空间"的建设应该从以前的"骨盆保护"转变为"区域环境保护"，而"微空间"的建设应该以"人"为中心。充分利用"微空间"资源，在车站、公园、社区、公路服务等场所实施"微空间"旅游商店项目。

（3）旅游＋音乐

旅游＋音乐作为旅游产业与音乐产业交叉的新兴领域，是以音乐资源为基础，吸引人们参与和体验音乐活动和自然风味的旅游新业态。音乐与旅游的结合是一种特殊的休闲生活方式，是音乐产业的重要组成部分。比如雅克宏远音乐季、汶川熊猫 O_2 生态音乐季、红原大草原夏季雅克音乐季。红原大草原夏季雅克音乐季是四川省音乐产业领导小组的重点项目。音乐季深入挖掘本土民族文化，结合世界音乐元素，从策划、运营到执行，全部由四川本土团队管理。首届数字国际熊猫节暨熊猫 O_2 生态音乐季在汶川县正式拉开帷幕。选择汶川县作为举办场馆，是借助音乐引擎助力文旅经济发展、恢复市场活力的创新举措。目前已经举办了 3 届音乐季，邀请到了众多明星助阵，让各地前往参加音乐季的游客感受到了汶川的热情，也推动了汶川旅游业的发展。

（4）旅游＋红色

红色旅游主要以中国共产党在革命和战争时期以人民为首的伟大成就创造的纪念地和地标为主要内容。包括参观和游览主题旅游活动。

红色旅游线路和经典景区，不仅可以赏景，还可以了解革命历史，拓展革命斗争知识，学习革命斗争精神，培育新时代精神，将其打造成兼具美景和文化的旅游胜地。

阿坝州的红色旅游基地包括两河口会议纪念地、四姑娘山、日干乔景区、九曲黄河第一弯、花湖生态旅游区、月亮湾景区、卓克基土司官寨、汶川特别旅游区等。

（5）旅游＋交通

阿坝州出台"交通＋旅游"专项规划，建成全国首条生态示范路——川九路。精心打造熊猫大道、G317 国民公路、雅克大道、河曲马大道、九红风光路、梨花大道等特色各异的观景大道。公路服务区、观景平台、港湾式停车场、自驾营地、旅游厕所等基础设施不断配套。开通九黄、红原机场等直航线20 条，成兰铁路、都四轨道交通、夹金山隧道、第三机场、久马高速加快建设。仅 2021 年全州整合资金 53.5 亿元，实施道路提升保障重点项目 11 个，为全面打造"自驾第一州"提供了强力支撑。川西环线更是成为许多游客自驾游或者跟团游出行的首选，将旅游与交通相结合，能够更好地实现全域旅游的目标。

4.3.2　发展成果全民共建、共享

川西地区的旅游业有助于共同建设和共享基础设施、公共服务和生态，发展地方经济和人口，维护国家统一和社会稳定，为民族地区的发展创造新的条件。川西旅游无缝营销体系的基础是营销需求规划、产品实施、市场开发和游客的基本市场需求。川西要深入研究市场需求，总结旅游资源和特色，抓住机遇，自上而下聚焦特色和重点项目，全力构建全区旅游市场体系。通过对全区旅游产品的综合开发和营销，积极组织旅游业主或旅游爱好者在不同季节、地区和时期体验川西旅游项目，并通过参与度高的新媒体渠道，加强对不同季节旅游景点的宣传。为区域内所有城市和地区创建立体化、全国性的旅游模式，消除区域内旅游营销的劣势，提高区域内旅游设施的吸引力。

媒体已成为旅游景区营销的重要选择，也为川西等地区旅游景区营销带来了新的机遇。鼓励全民广泛参与，提高了旅游营销的质量。当局还应积极支持当地旅游企业、旅游经理、游客和当地 IT 工作者。其他人通过个人微博和社会账号，积极分享川西地区的基本生活需求，开创了媒体互动与合作的新时代，官员合作共建旅游营销体系。通过重点开发新的宣传材料，促进全民参与和共享，促进自发关注、传播和共享，以提高川西旅游营销的吸引力。

在新媒体时代，短视频、直播等媒体传播方式发展迅速，用户的积极性和参与度不断提高。在这种背景下，川西旅游业的发展应注重运用这些新模式，通过提高用户的关注度、参与度和互动性来提高旅游营销的有效性。旅行社和酒店等旅游企业要积极加强与网红和新媒体的合作，特别是与微博、微信和其他有影响力的新媒体的合作，积极利用官方账号、微博和直播室为川西旅游业的宣传提供服务。让有影响力的主流媒体宣传川西旅游区的特色，或邀请在线名人在景区进行直播，利用网络平台提高在线名人传播的质量和效率后，能更有效地吸引消费者进入门店。当然，在旅游区使用在线红色营销活动也应该与线下营销相结合，目的是提高旅游区对客户的吸引力，提高旅游服务质量，加强与客户的沟通，提高旅游区管理水平，优化资源配置，有效提高客户满意度，增加旅游区对客户的长期吸引力。在新媒体的帮助下，川西旅游营销必须创造独特、有针对性、传播性强的优质内容，以降低同质化和相似信息的水平。一方面，四川省文化旅游局依托"新媒体"平台，积极组织网上投票等相

关活动，并通过将用户高度关注的内容与各种新媒体相结合，丰富旅游营销体系。另一方面，应积极优化和保护具有创新潜力的新媒体或自营媒体工作者，支持学生制作旅游业的视频和故事片，推广高质量的营销内容，让他们多方面地参与进去。

4.3.3 全域旅游观推动川西地区发展

(1) 全域旅游提供了资源支撑

全域旅游业的发展是一项综合性的系统工程。我们不能只考虑一个问题，而是需要一个全面的视角。川西地区的发展和景观规划离不开全域旅游的大背景。

①全域旅游资源观。在全域旅游时代，川西美丽的风景、淳朴的民俗和舒适的生活方式将从最初稀缺的垄断性景观旅游资源扩展到各种资源的整合，成为川西最有价值、最丰富的旅游景观资源综合体。一些在设计概念中不易涉及，或者过去并不被当作重要资源的传统旅游资源，也能够借助创意设计或者景点建设形成可以引发旅游者兴趣的重要资源。在新理念的引领下，除了一切可以给游客带来良好旅游感受的自然载体，如中国传统名山名水、寺院庙宇、宗教传习地之外，小镇古村、田园、农舍、商铺和产品等都可以作为当前的重要旅游景观资源。

因此，全域旅游理念在川西的伟大实践将更有利于川西景观的保护和资源的合理利用。使得川西旅游的资源消耗降低，绿色特色更加显著，符合美丽川西生态宜居、环境友好的理念。

②全域旅游空间观。从景区建设的内在思路到川西景区免费旅游地，川西有着不同于城市风景名胜区的特色。川西旅游既符合全域旅游发展的要求，又符合游客的体验需求。

通过发展全域旅游，可以促进乡村综合体、旅游乡村、特色乡镇、主题乡村、美好川西等共同构建。发展全域旅游需要对旅游空间进行创新、扩张与融合，要统筹好景区内部、城市、地方内部的旅游空间发展。同时在生态、生产、文化生活等空间中应发展形成富有绿色生态理念的旅游空间，并且有必要地开放和发展各种能够联合建造和共用的空间，如街区、学校、公共文化与体育设施。

(2) 全域旅游促进川西地区旅游景观优化

全域旅游已成为现阶段我国旅游业发展的热点，川西旅游除了引入旅游项目建设外，在项目空间、旅游空间、景观空间与全域旅游的联系方面，尤其是在丰富川西景观方面，发挥着明显的作用。还可以营造整体生态环境，实现全民共建川西的目标。

①全域旅游促进川西旅游景观休闲化。川西舒适而缓慢的生活与城市繁忙而快节奏的生活形成了巨大的对比，这为向往川西的游客带来了巨大的旅游动力。城市冰冷僵硬的建筑环境与蓝天白云的自然生态乡村有着很大的区别。川西旅游业的发展使生活在城市里的人们有机会逃离城市。

川西生态环境良好，有一定的农田和山地，引进一些娱乐设施，通过创意开发，更适合为城市群体创造多样化的休闲娱乐空间。例如，川西的营地、湿地公园和户外运动公园。为了满足基本的住宿和接待要求，该村周边地区，包括农田、河流、湖泊和山脉，都建立了良好的农村生态基地。

②川西全域旅游促进旅游景观的空间整合。以全域旅游为主导的川西旅游将改变封闭式景区建设模式，走向无景区的全域旅游。用全域化思维推动川西旅游景观空间的全域延伸。川西的空间特征与全域化时代的旅游需求相吻合，这已不再是川西景区特有的行为。城市建设和道路运输等其他方面也应考虑景观的功能，"门票经济"的时代将会被改变。

全域旅游意味着改变原有的思维方式，创造一个处处有风景、处处有美景的理想局面。通过景观廊道整合，解决川西旅游景观资源分布分散、空间同质化的现实问题。例如，如今丰富多彩的绿道和滨水景观休闲步道使步行也被视为一种旅游价值体验，如桃花柳绿的桃花河岸，田埂上步行的生态步道。这些步行线路将带动整个区域，辐射整个川西地区，突出道路上的美丽风景。另外，美丽的乡村公路也是游客最美好、最有价值的体验选择之一。

③全域旅游促进川西旅游景观资源整合。独特美丽的山水、民间艺术、淳朴的民俗、历史悠久的古建筑、内涵丰富的川西景观，会让生活在城市里的人产生向往。川西是学者、制造商和艺术家追求的理想之地，中国人民的感情和记忆传承了数千年。川西的农田、古民居和景观资源是全域旅游发展的最佳选择。

在全域旅游业的引领下，旅游景点、景观随处可见，旅游者的审美体验具有延续性。整个旅游地是大型的景点，旅游消费者和目的地居民都像生活在风景如画的世外桃源，享受着自然景观和文化习俗的独特魅力。

川西旅游在全域旅游时代，将从单纯的观光景观资源吸引游客拓展到整合多种资源吸引游客，实现景区内外的无差别建设。川西旅游在全域旅游时代将从原有的观光型向多元化、多层次、高品质、体验型的产品转变，其发展符合建设美丽四川的生态目标。

(3) 打造全域旅游川西地区独特的旅游景观模式

①实施绿色与自然生态发展。以新思路引导川西绿色旅游，促进全域旅游

发展，优化川西旅游景观，同时，更加关注生态问题，衡量环境指标，积极倡导"生态城市"和"绿色城市"建设。川西旅游一旦偏离生态发展的总体目标，将失去开发价值，难以实现可持续发展。"绿色旅游"的本质是让游客体验川西生态环境，突出川西生态价值，让游客在绿色旅游中忘记工作压力和生活问题。

此外，为了提高川西地区的经济收入，维护生态、可持续和旅游发展的战略目标，我们在全域旅游业的指导下，提出并实施提高川西地区核心竞争力的措施。这不仅有利于川西地区绿色自然生态环境的整体保护，也有利于城乡生态平衡的解决。

②川西农林景观格局的调整。以景观生态学理论为指导来调整川西农林景观格局。每种农林景观生态都具有能够积极与外界交流的开放特点。这也是川西农林复合景观格局的一个重要特征。

全域旅游具有开放的旅游空间特征，这使得川西地区的景观格局和基质、斑块、廊道等环境具有较强的物质及能量交换和流动。从川西整体来看，调整农林景观空间格局将对斑块大小、形状和廊道连通性的控制产生一定影响。

从整个区域的角度，规划整个系统的景观功能格局，包括系统中斑块的大小和形状，绿色生态廊道的数量、宽度、质量和连续性，也可以创造新的景观成分。

③景观本土化与全域旅游的融合。当地景观以川西当地历史文化和川西环境为基础。当地景观的创造大多来自当地居民，他们为了适应川西地区的生产和生活而生存下来，反映了艺术和文化景观，包括自然景观、人文景观、村舍聚落和农业景观。

强调川西旅游的原生态，以乡村景观为韵，以地方文化为魂，丰富旅游形式，走特色化、品牌化发展之路，提高川西旅游的文化凝聚力，吸引游客体验原生态的地方景观，创造深入人心的怀旧情怀，提升川西旅游的吸引力，为游客留下独特的文化痕迹，既保护和传承了当地文化，又支持了川西的经济发展。

在倡导川西景观本土化与全域旅游一体化发展的同时，最重要的是要把握川西的文化内涵，树立川西全域旅游的文化形象，实现川西的文化核心价值，从而更好地传播川西独特的魅力和独特的文化名片。

5 川西地区全域旅游智慧平台的应用

5.1 构建全域旅游智慧管理服务平台

对于多民族、多种自然村、民族节日、民族风情和饮食习惯的川西地区来说，全域旅游智慧管理服务平台的重要性不言而喻（李欣等，2018）[35]。人们选择到川西地区旅游，基本是为了体验真正的少数民族文化，体验原汁原味的乡村风土人情，从而达到扩大常识和开阔视野的目的。通过搭建全域旅游智慧管理服务平台，了解川西景区旅游发展的根本原因，为川西旅游体系建设寻找解决方案，实现多方位、高质量发展。同时，凭借川西优秀的传统文化，将当地资源优势转化为经济优势。

通过搭建全域旅游智慧管理服务平台，促进川西旅游资源整合，加强景区管理监管，规范市场，为游客提供独特的平台体验和更加规范、安全的旅游服务，推动旅游信息化手段不断发展。

5.1.1 智慧管理服务平台体系框架

智慧管理服务平台应用系统由智慧服务系统和智慧管理系统构成。智慧服务系统包含官网服务系统、微信公众平台服务系统、智能导游服务系统和汽车租赁服务系统，智慧管理系统包含智能监控管理系统和灾害检测及报警管理系统。如图5-1所示：

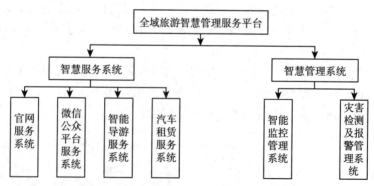

图5-1 全域旅游智慧管理服务平台框架图

5.1.2　智慧管理服务平台功能分析

(1) 智慧服务功能

在原有的智慧旅游服务终端功能的基础上，统一整合网站、移动应用、电子票务系统、地图导航、微信微博、触摸屏系统、短信推送系统、地理信息等。在智慧管理服务平台中，智慧服务系统实现了四大服务功能：官网服务、微信公众平台服务、智能导游服务、租车服务。

(2) 智慧管理功能

平台打造了一个智慧管理模块，将为川西旅游管理部门提供强有力的支持，使其能够更有效地履行监管和服务职责。智能管理将支持产业政策法规的发布、旅游趋势分析、商业诚信监管等功能。另外，将通过收集、监督和公布部门信息，对旅游部门进行全面的信息共享和监督，以帮助管理人员、游客和旅游企业设计和作出旅游决策。智慧管理系统实现了智能监控管理和灾害检测及报警管理两大管理功能。

5.1.3　智慧管理服务平台建设内容

(1) 智慧服务系统

①官网服务系统。为满足游客个性化需求，整合各类旅游信息来源，川西旅游景区应建设景区门户网站，为游客提供旅游的前中后全程服务，并与官方微博建立连接，提供自助游软件、导游音视频和导游图下载服务。支持简体、繁体、英文等三种以上的文字版本。提供电商平台入口、网上购票通道、文创纪念品购买通道及物流服务。官网服务系统包含以下内容：

旅游资讯。一是景点介绍。包括景区整体简介和景点介绍。结合图文、音视频信息对川西景区进行多层次展示。二是全景游览和景点分布。本模块支持导游系统下载服务功能、音视频导游和旅游地图。以旅游景区电子地图作为展示的载体，标出主要道路、主要旅游线路、旅游景点、旅游服务站、售票处、医院、卫生间和景区出入口等重要信息。旅游线路将以景区入口为起点，根据人群、时间等不同，默认提供多条线路供游客选择。三是旅游信息。川西旅游景区内容如下：旅游动态媒体聚焦、专题报道、行业资讯、公司动态、旅游景区动态、网站公告等各类旅游信息，并以滚动形式动态显示在首页。

游玩指南。第一，自动驾驶指南包含自动驾驶路线的推荐和查询，并与旅行指南模块一起进行展示，还提供免费机票、酒店、旅游产品的提前预订，方便自驾人士一站式安排行程。第二，天气预报介绍川西地区的天气特点，重点介绍了不同季节游览川西旅游景点时如何准备衣物和雨具。调用第三方天气预报代码，点击显示天气后可查看更详细的预报信息。

②微信公众服务系统。川西景区微信公众服务系统将开展旅游信息发布、信息查询、地图导航、在线预订等微信服务。为进一步丰富微信旅游平台的功能，根据四川西部旅游点旅游资源分布的类型和特点，以传统的文字和图像信息传播为基础，利用地理信息系统和位置服务的优势技术提供旅游线路设计、景点讲解、景区设施定位和导航服务。微信公众服务系统包含以下内容：

信息推送功能。该功能利用微信公众服务系统对文字、图片、图形、音乐和视频进行编辑，发送给符合提交条件的用户。在该系统上，可以对用户进行分类（按地区、年龄等），可以有针对性地进行消息推送。可推送的信息包括：旅游咨询、旅游信息介绍、旅游景点动态、游客心得、活动信息等。

资讯介绍功能。该功能以景点介绍为主要内容，重点介绍川西地区的景点概况，提高游前、游中、游后对景点的认识。

一键报警功能。一键报警为旅行者提供了一种处理紧急情况的便捷方式。当景区游客在遇到突发事件时，可以根据用户的实时位置，快速响应突发事件，实现快速响应、快速处理、快速解决、快速协调。

③智能导游服务系统。智能导游服务系统依托旅游景点多媒体触摸屏设备，为游客提供景点信息、地图服务、虚拟旅游体验、配套服务查询、投诉与建议等服务。该系统包括客户端系统和后台管理系统。客户端系统主要为游客提供地标信息、地图服务、虚拟旅游体验、支持服务请求、游客投诉和建议等。后台管理系统方便管理人员及时更新和发布最新的游客服务信息。智能导游服务系统包含以下内容：

景区信息浏览功能。旅客可以在多媒体触摸屏上浏览最新的地标信息（包括地标照片和视频）等。

景区地图查询功能。系统支持放大、缩小、漫游等景点地图导航功能，游客可以根据景点查询对应的商店、饭店、设施等专题信息。

游客当前位置显示。系统可以在地图上通过多媒体触摸屏显示当前位置，并根据当前位置，提供附近旅游景点和附近主要服务设施的查询和显示功能。

自助导游服务功能。该系统为游客提供自助导游服务。游客可以在多媒体触摸屏上查询景点、商铺、餐饮店等具体目标，并具有目标的详细介绍和讲解功能。同时，系统还可以输出游客当前位置和目的地之间的路线指南。

周边服务设施查询。游客可以根据景点地图和导游路线查询附近景点和服务设施的信息。

④汽车租赁服务系统。川西景区是一个开放式景区，占地面积较大，因此租车服务可以为游客提供方便。游客可通过该系统在线自助租赁、归还和支付

费用。景区管理可以通过后台对汽车进行监控和调度。汽车租赁服务系统包含以下内容：

扫码租还车的功能。汽车支持游客在微信上扫码租车或输入代码。公园内有多个站点，游客可以就近租用和停放汽车，用车后通过手机支付车费，无需担心车辆管理问题。

实时数据采集功能。现场控制器通过中控机实时监控每辆车的负载位置数据信息的变化，收集和汇总来自各个服务点的数据信息后，在后台管理的系统中进行数据实时交换。后台管理系统可以随时查看和调用数据，生成数据表，分析数据，方便指挥中心控制现场信息和调度车辆。

（2）智慧管理系统

①智能监控管理系统。与传统的监控系统相比，智能监控系统更高效、更耐用。它可以识别各种移动物体，大大减少了视频监控的人工工作，当监控画面上发现异常情况时，以最快、最好的方式发出警报，及时提供有用的信息。这种及时性的处理有助于安全人员更有效地应对危机，最大限度地减少误报和漏报。智能视频监控产品结合视频处理、计算机视觉和人工智能等先进技术，建立图像与事件之间的映射关系，使计算机能够从多个视频图像中区分和识别主要目标并分析其行为。智能视频分析产品采用技术对输入视频流中的运动物体进行检测、跟踪和分类，通过背景建模等图像识别算法完成图像参数到事件的转换，实现对各种紧急情况的实时检测。灾难检测和警报管理系统包括以下内容：

面部识别。它是视频分析、运动跟踪、人脸检测和识别技术在视频监控领域的一种新型综合应用。当摄像头前端部署的摄像机卡对经过的人脸进行抓拍时，前置摄像头将采集到的人脸图像通过计算机网络发送到中央监控数据库进行数据存储，并与人脸黑名单数据库进行实时比对。当发现可疑人员时，系统会自动发出报警信号，并通过多种连接方式通知值班警察。系统具有高清图像采集、传输、存储、人脸特征提取、分析识别、自动报警、网络控制等多项功能，并具有强大的查询、抓拍等后台数据处理功能。该网络功能可广泛用于重要检查站的行人监控，与车辆卡口系统一起，可构建车辆和行人监控的现代智能卡口监控系统。

智能行为。智能行为分析模块用于内部预防，支持越线检测、区域入侵检测、出口区域检测、人员密度分析、退货检测、物体位置检测、徘徊检测和停车检测。

自动跟踪。自动监控摄像头是基于内置智能视觉分析技术的监控跟踪系统。具有越界、入侵检测等功能模块，可解决不同环境中遇到的各种问题。自动跟踪球机还可以跟踪和显示进入区域的物体，验证细节并记录物体的轨迹，方便日后取证。

②灾害检测及报警管理系统。灾害检测管理系统是集 GPS、GIS、GSM 和计算机、网络等先进新技术于一体的智能无线自然灾害报警网络服务系统。它通过对已安装的所有自动报警系统及自然灾害检测设施的运行状况进行实时数据采集和处理，实现川西各重点区域对雨雪天气、地质灾害、自然灾害等灾害的检测及报警的网络化管理。系统中的用户设备可以通过网络将灾害自动报警设备的运行状态和消防设施的运行状态快速、准确地传输到报警服务平台。监控管理中心根据详细的灾害报警信息和消防设施信息，为现场快速响应提供决策，从而达到早发现、及时报警、迅速响应的目标。该系统可实现对自然灾害物联网监控系统的自动巡查，加强对景区消防设施的管理，从而达到防灾减灾的目的，并提供极大的智力安全保障，确保游客的日常生命和财产安全，最大程度地保障警务人员的安全。灾害检测及报警管理系统包含以下内容：

灾害自动检测功能。灾害自动检测功能按程序步骤监测限定阈值和变化率，超过预定限值时自动报警，实现雨雪天气、地质灾害、火灾的自动监测和报警等，使应急指挥中心能够及时采取行动，快速应对，以便减少损失。

灾害自动报警功能。报警终端采用先进的检测技术，报警终端与报警接收器之间采用无线通信。自然灾害发生时，只需按下手动按钮，即可将报警信号快速发送至报警接收器，并启动接收声光报警装置，将信号通过转发器发送至 119 指挥中心。如果灾区无人按下按钮，各种智能传感器可以自动向报警接收器发出报警信号，最后向 119 指挥中心发出报警信号，完成自动报警。

游客提示功能。灾害检测系统上传某景区灾情后，与旅游服务系统相连接，通过官网、微信公众号和路边的多媒体触屏设备将发生自然灾害的具体位置和灾情的严重程度迅速告知游客。

手动报警上传功能。在巡查过程中，如果团队发现自然灾害，他们可以在个人手机上拍摄照片或视频，并上传到该系统。

信息记录和回放功能。自然灾害报警信息发生时，系统自动接收报警信息，准确记录报警时间、地点、核警流程、处警流程和处警结果，记录指挥员声音和现场情况，提供行车路线，重复行车轨迹，整个报警和中断过程中不会出现误报或漏报。系统还可以对报警用户终端、报警终端电脑工作状态、报警后工作人员复查状态及报警结果进行准确、详细的记录，做到责任明确，有案可查。

消防设施异常上报功能。不同区域负责人对消防设备进行日常巡查时，如发现灾害检测设备异常，可通过手机端及时拍照上传。维修人员可以接收到信息，点击回复他们"收到"并及时处理。如果可以维修，维修人员可以及时修缮并拍照反馈。如果确实损坏，需要更换，维修人员可以在系统中更换消防设备基本信息。

巡检保养信息接收功能。不同区域负责人的手机端会定期收到 PC 端发送的消防设施检查维护信息，巡检过程中如发现异常则拍照上传。

各类结果统计分析功能。统计分析模块主要用于相关数据和灾害管理系统业务的统计分析，如景区各类灾害检测装置的统计分析，各类装置的故障统计分析和警报次数分析等，可以帮助用户了解自然灾害管理系统的基本情况以及相关业务数据的统计分析结果，进而为相关负责人做出自然灾害管理决策提供依据。

智慧管理服务平台可以整合川西景区各主要旅游主管部门的旅游资源，实现综合平台的服务和监管功能，可以显著促进当地旅游业的发展，重点是平台和应用系统的建设，应用系统的设计始终紧跟智能管理服务的现状和旅游参与者的需求，注重先进、开放、实用的应用系统，不断完善公共服务平台的所有应用子系统，丰富应用服务的可能性，提供平台操作的可能性。

本章首先设计智慧管理服务平台的架构，然后构建智慧服务和智慧管理系统的应用功能，最后具体设计应用系统的各个功能模块。

5.2　构建智慧营销平台

与其他地方的旅游景区不同，川西的旅游景区更多的是自然风光和人文景观，而其他城市和地区所采用的智慧营销系统更多注重的是本土特产或周边文创的推广，川西现有的个别景点所采用的智慧营销平台存在功能不全、缺乏系统性、不能更好地整合全域资源等问题，因此构建川西特有的系统性的智慧营销平台就显得格外重要。

智能营销平台面向旅行社、旅游公司、游客和旅游媒体。旅行社是促进游客、旅游公司和旅游媒体之间积极互动的主要机构；旅游公司是营销平台信息的主要提供者；旅游媒体为旅游产品收集综合旅游信息和广告活动。根据旅游营销活动的过程，智能营销平台分为三个系统：宣传系统、直销系统和分销系统。

5.2.1　推广系统

（1）系统概述

旅游推广系统主要通过媒体进行快速发布和推广，形成了以旅游线路、区域特产、酒店、旅游租车、景区门票等为主的预订服务和旅游信息查询服务。为川西全域旅游的发展积累游客数量，实现川西旅游目的地信息向自助终端和场外媒体的传播。信息主要包括旅游信息、旅游商品、公共服务等。信息发布的方式如图 5-2 所示：

图 5-2　信息发布方式

（2）功能介绍

推广系统一般分为前台和后台。前台面向游客，起到介绍川西美景的作用。后台面向川西景区负责营销管理的管理人员，承担产品的更新，业务处理等功能。

前台包括：风景介绍模块介绍了川西风土人情和周边景区；交通引导模块会标明各地到川西各大有名景点的活动地图，如百度、搜狗等，以及景区内重要交通浏览图、景区内的交通线路展示等；联系我们模块有线上交流和电话沟通两种模式，还有导游展示模块和评价导游团队模块，以此来做好公司旅游文化工作；互动平台模块有游客上传的带图评价等信息；规避风险模块，由景区现场进行综合审核监控；路线展示和销售平台可以针对不同城市、不同渠道的游客进行不同的销售方式；团队的路线推荐平台模块以咨询推荐为主，为游客提供了一个很好的咨询平台、访客可直接介绍客户团队或推荐给合作关系较好的合作社；新闻信息发布模块可以根据设置自动显示新闻的类别和数量，并可以调整新闻的类别；在线帮助模块是整个平台的帮助中心，是普通用户了解网站的窗口。

后台包括：产品更新模块会及时更新最新的产品，将售罄的产品进行下架处理；业务处理模块会评估各个商品的销售情况，并根据月销售额对产品的数量进行控制。图 5-3 为推广系统框架图。

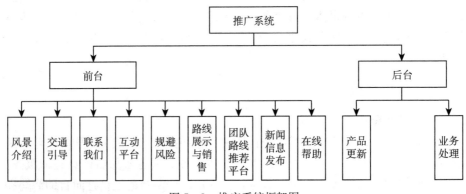

图 5-3　推广系统框架图

5.2.2 直销系统

（1）系统概述

川西景区直销平台具有景区门票、特色产品、导游票、酒店、餐饮等的线上销售和移动支付功能，并提供后台搜索、商品库存管理等功能。同时，直销平台可与智能票检系统相结合。游客可凭二维码或身份证查票入园，免去游客排队换票、购票的等待时间。直销平台与票务系统、手机支付等线下支持方式相结合，在提升景区自身营销和服务水平上发挥重要作用。

（2）功能介绍

①门票订购。已通过直销方式购票的游客抵达景点后，如需门票，可提供订单号或二维码至电商平台售票处向工作人员取票，也可自行通过自助售票机取票；如果游客不需要门票，可以通过闸机刷二维码或身份证直接进入公园。

直销平台的购票端包括微信小程序购票、微信公众号以及在线商城购票。川西景区门票可依托该渠道为游客实现订票功能。用户通过手机号注册成为会员后，可以进行购票、网购等服务体验。此外，直销平台还提供找回密码、个人资料编辑和购票常用人、常用地址编辑等功能。直销平台不仅可购买旅游景点门票，还可购买展览门票、演出门票、导游门票等。游客填写身份信息后，可选择购买的门票数量，同时可以选择出票日期、金额、取票日期等，最终进行实时网上缴费。票务管理代理收到预订信息后，将通过二维码短信或所需方式及时向客户反馈或确认。为实现实时预订和支付，直销平台的支付方式须与网上银行、支付宝等主要账户和各大银行无缝对接，确保游客可以使用移动终端和信用卡支付。

②商品订购。构建实体商铺与互联网商城一体化的新型商业模式，实现实体商铺、互联网商城商品统一供货、统一服务、统一配送，方便游客付款、提货、回购。特色商品离园取货和快递到家服务将解决游客后顾之忧。其次，提供游客评价、投诉、建议渠道，可与游客满意度调研系统对接，方便景区管理者监管商铺，及时响应游客投诉。

③酒店、餐厅预订。酒店和餐厅的预订是智慧营销平台的重要部分。餐厅预订模块包括预订、排队、电子菜单和快餐模式等应用功能。通过这些功能，商家可以在点餐时完成客源属性的定义，让餐厅了解客源的状态。除餐厅预订外，餐饮场所可提供住宿、会议预订、停车预订等服务。酒店预订模块包括预订、展示和评分等功能。酒店经营者可以在指定渠道发布有关可用套房规格、床位数量、价格、折扣方式、预定开放时间和每日预订数量的信息。游客输入个人信息后，可以输入预订日期和时间、房间特征、预订数量、预计出发日期

和时间等，最终实现在线支付费用。

游客可以在官方直销平台上对川西景区周围的酒店和餐饮进行预订和评价。同时景区也可以根据预订数量和评价对景区周围的酒店和餐饮行业进行分析和管理。

④平台的后台管理。后台管理可分为以下几部分。第一，管理已注册会员。协助游客注销用户，管理会员 VIP 等级，对不同级别开放相应优惠政策或相关活动。第二，管理票务订单。查看游客线上购票订单，协助游客进行退票、改签处理，通过检索实现对问题订单快速定位和及时处理。第三，管理商品订单。查看游客线上商品订单，根据订单提货方式提供相应服务，协助游客处理问题订单和投诉订单。第四，统计分析。分析注册会员年龄分布、地区分布、购票次数、购物次数、商品在线销售情况、商铺在线销售情况、在线购物投诉情况等重要指标、辅助工作人员拟定销售策略、调整销售方针、面向不同用户群体实施个性化营销。

5.2.3 分销系统

(1) 系统概述

智慧营销的分销平台整合区域内的资源供应方和渠道提供方，形成一套整体的运营体系，连接起供、销端，实现一个商品，多渠道销售，对渠道价格、渠道商品进行统一的信息化管理。系统需对接线上美团、携程、同程、途牛、去哪儿、阿里去啊、驴妈妈等国内一线电商平台。

(2) 功能介绍

①团队预订。团队预订模块在传统旅行社业务模式的基础上，积极拓展网络空间，以打造川西旅游品牌、服务川西旅游为目标，将旅游资源运用于智慧营销平台，充分整合川西各地旅行社资源，为促进旅游相关产业经济增长提供了一种网络经济模式。

以企业公司库的形式对不同规模的旅行社进行分类管理。每个旅行社都有专门的网站频道，反映旅行社的概况、资质、业务特点、相关奖项、公司文化等。旅行社可在指定频道发布可预订的旅游行程、团体方式、出发/返回日期、价格、折扣方式、预定开放时间、天数等信息。旅客填写身份信息后，可以选择旅行社的行程，指定出行日期、游客人数等详细信息，最终实现网上实时缴费。

②产品营销。在产品营销模块下划分二级模块。展示模块负责将所有分销已建的产品在仓库中进行统一展示，并提供操作许可的相关入口。展示模块记录每个产品的存放情况，公司可根据库存情况合理安排采购计划与销售策略，

对进出仓的产品数量进行统计。订单处理模块包含对销售商品所产生的订单的集中展示功能，以及对每条订单的详情查看、状态处理等操作。结算管理模块供分销商家使用，可根据商品采购订单进行分类汇总，采用支持多种结算方式的统一结算。个人中心模块是当前账号的个人管理中心，包括用户信息、密码等相关信息的管理。接口对接模块是下游到上游的对接，实现订单从游客到资源方的全自动流转。商务中心模块负责添加关联企业分销商，实现渠道集约管理，构建子属关系。

③营销管理。营销管理模块是智慧营销平台的核心，为景区营销和销售活动提供了数据管理平台。以环境保护和生态保护为基础，支持以市场和客户价值为导向的业务流程，有效了解客户需求和市场需求，增强对市场的快速准确反应能力，加强营销网络管理，打造和升级形成集中统一网络。并构建有效的营销网络，同时准确进行市场界定、市场细分、市场分析和营销决策，提升川西旅游的社会效益、经济效益和生态效益。

5.2.4　小结

智慧营销平台以川西景区为核心，整合众多旅游资源，为各个景区打造专业的旅游电商平台，从而推动川西全域旅游产业的提升。智能营销系统是旅游智能应用系统，是一个旅游资源网络，它结合数据库、多媒体技术和虚拟现实技术，来开展促销和进行商务活动。该平台为川西旅游景区搭建了一个旅游资源的营销中心，为游客提供吃、住、行、游、购、娱等服务；同时也提供了网上预订，发布促销优惠信息等服务。

6 川西地区全域旅游产业发展及产品开发

6.1 旅游产品开发

基于前面所介绍的川西地区生态资源和文化资源的情况，针对性地开发了6款旅游产品，本章节主要介绍这6款产品。

6.1.1 低空旅游

结合川西地区特色依托通用航空运输、通用航空器和低空飞行器，开展旅游活动。川西地区结合自身及周边旅游景区资源富集优势，发挥川西地区良好的地域空域优势，围绕"通航经济创新区"建设，以打造西部通航产业高地为目标，以航空旅游、航空运动、航空研学为切入点，发展集旅游、研发、制造等为一体的全产业链。打造通航旅游，引入通航特色小镇建设、航空主题乐园建设、航空特色会展、通航人才培训基地等项目，也可引入滑翔伞、飞机跳伞、热气球、航模、全域低空旅游观光等项目。

6.1.2 健康旅游

川西地区拥有丰富的生态自然资源，森林覆盖率达六成以上，空气负氧离子含量是北京、上海、成都等中心城市的 20 倍以上，全年空气优良天数达90%。川西地区药王谷度假村是全国第一个以中医药养生为主题的山地旅游度假区，承担着保护、传承和发展羌医药的重要任务和历史使命。羌医药一直是不可替代、与民族生命健康密切相关的传统医药财富，依托羌医药的独特优势，深挖川西地区特色资源，有利于进一步深化康旅融合，提升川西地区健康旅游吸引力。可以通过强化资源整合，着力构建川西地区健康旅游新格局。具体地，联合中羌医院与医药公司，通过资源共享、协同创新、优势互补，全方位拓展中羌医药健康产业服务领域，以开设羌医药专家坐诊、养生保健咨询、养生产品展示与销售、茶饮、足浴、药浴、推拿等养生项目为主，将羌医药浓郁的特色文化充分融入生态旅游发展，实现旅游和健康的完美融合，进一步推动中羌医药健康养生产业聚集与创新，全力推进川西地区健康旅游的转型升级，形成川西地区健康旅游新格局。

6.1.3 科技旅游

产业融合是全球经济发展的趋势，也是世界各国推动产业升级、提升竞争力的新选择。随着"＋旅游"等跨界元素类型的兴起，不仅文化与旅游在逐步融合，文化旅游产业与其他领域的融合也在不断深化，以满足消费升级和供给侧结构性改革的需要。在"科技＋旅游"的愿景下，创新和科技推动旅游业快速发展。以科技为支撑，激活多种科技资源的吸引力，结合川西地区特色，满足游客增长知识、开阔视野、丰富体验的需求，有利于建设以参观、考察、学习、娱乐、购物等活动为目的的休闲娱乐特色旅游。在产业数字化方面，依托区块链技术构建新的信用体系，通过智能合约让交易更加规范高效，让消费者行为更加直观地呈现，实现文旅消费的数字化升级。在数字工业化方面，推动基于现实世界的虚拟旅游的兴起。疫情暴发时代，中国旅游产业链将继续发挥创新潜力，推进整体布局、拓展链块、大数据与云计算、物联网技术融合优势，打造适应新形势、满足人们对美好生活向往的旅游新模式，实现旅游消费者、旅游服务企业和旅游监管部门三方共赢，开创旅游产业新局面。

6.1.4 研学旅游

研学旅游是基础教育改革的重要方式，是素质教育的重要阵地，是落实国家中长期教育改革规划和发展规划的重要行动，是拓展旅游发展空间的重要举措。

对于学生来说，学生是研学旅行的主体。研学旅游的主要目的是让学生接触社会和自然，通过旅游体验、学习，锻炼和提高自己。

开展调研之旅，在远离父母的情况下可以培养孩子的独立性和自我动手能力，帮助他们开阔视野，学习书本上接触不到的新知识。在这个过程中增强孩子的自信心，培养孩子文明的旅游意识。

川西地区在自然资源和文化资源方面都有很多值得学习的地方，学校可以组织学生到这些地方旅行，开阔学生的视野，丰富学生的知识，加深学生对自然和文化的亲和力，增加他们对集体生活方式的体验。

6.1.5 长征文化体验游

长征文化是我国红色文化的重要组成部分，而红色旅游则是我国旅游业的重要组成部分（吴雪飞，2017）[36]。随着国家对红色文化的大力宣传和各种利好政策的出台，红色旅游的发展蒸蒸日上。中共中央在"十四五"规划中也提到要注重红色旅游的发展。红军二万五千里长征，不仅是中国革命史上的奇迹，在世界上也是绝无仅有的壮举（聂涛，2019）[37]。川西地区有众多的红军长征遗迹，可以通过参观长征博物馆、纪念馆、陈列馆等学习长征文化，也可以追随历史先辈的足迹，沿着长征路线体验长征的艰辛。

6.1.6　森林康养旅游

川西地区森林覆盖面积广阔，生物资源、森林资源以及水资源丰富，因而可以因地制宜进行森林康养旅游项目开发。

药王谷森林康养基地是国家 AAAA 级旅游景区，位于北川县国家森林公园内，是我国第一个中医药养生主题的森林康养基地。2017 年被评为全国森林康养基地试点建设单位。基地发掘"天下九福、蜀川药福""无川药不成方"的中医药传统文化资源，利用药王谷基地 6 000 亩*连片中药材林地和 3 000 亩百年古辛夷花等独特资源，打造成独特的"药乡度假"的森林系山地旅游主题基地。

经过多年发展，该基地将森林康养养生文化按照寓养于乐、寓养于药、寓养于学的思路贯穿于游客的游乐过程中，让游客在药王谷自然的森林环境中体验养生和传统文化，完成一个从健康观念到产品体验的森林康养过程。

一是坚持理论核心，进一步深化产品。围绕"全息健康理论"，打造更系统、更受欢迎的体验产品，深化 IP 属性，加强文化影响力，增强药王谷健康 IP 的生命力。集中精力做体验产品，让游客到药王谷享受一条龙式的健康体验，形成更加完整的产品链条。

二是大力开展营销工作，形成口碑效应。全面围绕健康产业做营销，立足四川，放眼全国，用优秀的产品赢得市场认可，形成良好口碑，步入良性发展快车道。除了传统的营销渠道之外，积极寻求与各养老机构、医院、协会、兴趣组织等建立长期合作关系，携百家之所长，建立健康事业联盟，打造康养旅游品牌。

三是加强外部合作，增强专业性。深入与专业医院的合作，建立实训基地、康复基地、养生基地等，外接专业医疗资源，敞开怀抱寻求合作，为游客提供专业、放心的康养产品。目前，药王谷已是成都中医药大学的挂牌养生学院实习基地和产品研发基地，同时与四川省中医药专科学校、绵阳市中医医院等建立了长期合作关系。

四是小步快跑，快速探索多种康养模式的可行性。可采用"小步快跑、快

---

* 亩为非法定计量单位，1 亩≈667 平方米。

速迭代"的工作方法，同时并行各类产品模式，包括中长期康养长住、康复式康养、养老式康养、康养文化游等。尝试将专业的康复产品和游客的旅游需求相结合，探索一条可快速复制、快速推广的商业模式。

6.1.7 非遗体验游

四川是我国唯一的羌族聚居区，羌族集中分布在阿坝藏族羌族自治州茂县、绵阳北川羌族自治县等川西地区。其民族文化和历史文化都很浓厚，有着众多非物质文化遗产，也是开发非遗体验游的好地方。

（1）羌族婚礼体验

说亲（开口酒），在川西文化习俗里，当子女长大成人时，父母会为他们寻找合适的对象，一旦有了心仪的对象，男方父母就会带着丰厚的礼物上门提亲，若是双方父母都满意则会允许子女继续交往。

吃小酒（定亲），男方差"红爷"带上第二道礼去女方，索要女方生辰八字，由男方请释比测算，如八字相合即可定亲。

吃大酒（订婚期），男方觉得双方可以结婚的时候，便请"红爷"带上礼物到女方家约定时间商定婚期，男方会带上准备的酒、肉、米、衣服、首饰等彩礼，一直到女方满意给出婚期为止。

成亲，婚期前男女双方各自准备酒宴，请全村吃"开笼酒"，正式邀请各家帮忙，商定各自负责事宜。宴席一般分为"花夜""正席"和"谢客"。

在现代化、信息化的今天，由于异族通婚和西方文化的影响，古羌族的婚礼仪式在日常生活中逐渐消失。九黄山羌族婚俗服饰和沾着羌族人智慧的手绣，是羌族文化的象征。羌族婚礼上的工艺品不仅包括服装、迎宾鞋和鞋里的手工刺绣，更有老银匠制作的各种精致手工银器，这些既表现了男女双方对婚礼的重视，也表现了羌族工艺巧夺天工。装饰场景多为羌族图腾和夺目的喜庆人物。

（2）草编竹编体验

草编技艺是川西地区羌族少数民族地区独具特色的传统技艺，已经传承了数百年，是禹羌文化的重要组成部分。草编画、草编鞋等是草编技艺的重要技术。受 2008 年 5 月 12 日特大地震的影响，无论是草编技术人员，还是编制工具和原材料都受到了极大的破坏，使民族传统技艺的传承面临巨大的挑战。大地震后，为了进行生产性保护，建设示范基地，羌族草编面临的主要问题包括：一是原材料生产基地的保护，其中棕编原材料和稻草草鞋编织原材料保护尤为突出，特别是地震损毁的唐家山一带的棕榈叶和永安、安昌一带的稻草原材料。二是技术的传承与培训，尤其是草编制作需要的工具和设备的制作技术。由于地震的破坏，原来草编从业者家中的相关工具基本被损坏和遗失，而且能加工制作相关工具的艺人基本在地震中遇难，因此相关设备的制作技术需要培训和传承。三是开展推广与宣传，由于现在年轻人对我们古老的手工技艺和相关产品的认识越来越淡薄，因此，需要加强宣传，让更多的年轻人认识相关产品（比如草鞋），加强他们对相关历史和产品的认识，以便为恢复这些古老工艺和产品走向市场奠定基础。

针对以上问题，羌族草编开展了以下工作：一是建立羌族草编原材料保护基地，重点关注唐家山堰塞湖地区的棕榈，永安、安昌一带的稻草，关内一带的玉米皮和竹。二是挖掘羌族草编相关工具制作技术，培养草编的传承人和从业者，挖掘古老的羌族编织工艺。根据目前的市场发展情况，需要培训大量的从业者，以满足后期产品开展外贸的需求。三是建立羌族秸秆编织培训中心和市场示范基地。结合羌族生态保护区的建立，将羌族农耕文化产业园和草编博览园建设成为集传承、展示、体验、观光于一体的重要基地，使得广大青年可以真正体会羌族草编的魅力。

目前，在政府的大力扶持下，开展了各种草编技艺的技术培训和草编产品的多样性开发。随着恢复性发展的推进，已经在原有产品的基础上开发出了各种兽类形状竹编和草编近百个产品。羌草织造已经完成了技术传承、产品开发、对外宣传和市场推广等工作。

（3）羌绣文化

羌绣是羌族人民在长期的生产生活实践活动中形成的手工技艺，它一方面受当地的自然生态环境影响，另一方面也受社会环境的影响。通常羌族女性在七八岁的时候，开始学绣花，会绣花的女性通常被认为是极具聪明才智的。传统的羌绣图案主要以花草、云朵、牛羊、瓜果粮食为主。羌绣的材质主要是当地廉价的棉麻等，主要被用在围裙、腰带、鞋帮、背包、坎肩等服饰和日常用品的装饰上，其做工十分精细，传统的工序也较为复杂，完成一件羌绣作品耗费的时间也较长。随着时代的发展，制作工艺和手法也不断提高，羌绣制作的材质、成品都发生了变迁和重构，羌绣制作的传承人也越来越少。在旅游开发中，羌绣被制作成旅游纪念品出售，在市场经济的驱动下，纯手工制作的产品供不应求，于是在制作技艺上，开始引入了机器生产。为了获取更多的经济利益，原来的棉麻材料也被工业制成的线代替，不再是纯粹的棉制品。从图案上看，也不再限于花草虫鱼、瓜果粮食等动植物，增添了祝福文字、人文景观等。色彩也不仅仅是传统意义上的红绿蓝，而是变得更为丰富。从成品的种类来看也不单单是服饰、背包等，羌绣被用作钟表框、相框、抱枕、桌垫、钱包等物品的装饰，深受游客喜爱。在川西地区还建有羌绣文化传习所，专门进行羌绣技艺传承人培训，游客也可以前往参观学习，体验羌绣制作技艺。这些羌绣工艺品中既有价格颇高的收藏品，也有价格亲民的日常生活用品。虽然重构出的羌绣工艺品不是完全的"原汁原味"，但是其中羌族传统文化元素和民众们的情感是依旧存在的。在川西地区，羌绣文化的重构一方面使得原本濒临消失的传统技艺得到活态传承，同时在旅游开发中也成为重要吸引物，为当地群众增加了收益，改善了生活。

（4）歌舞体验

能歌善舞大概是我国少数民族给人们的第一印象，他们舞蹈的种类也是非常多，通常一个民族的人会跳多种舞蹈。比如：羌族人喜欢跳莎朗舞、法舞、铠甲舞等；藏族人喜欢跳弦子、锅庄、踢踏舞等；维吾尔族人喜欢赛乃姆、盘子舞、手鼓舞等；彝族人喜欢打歌、跳弦、罗作、跳三弦、披毡舞等；傣族人喜欢水傣、花腰傣、孔雀舞、象脚鼓舞等。这些舞蹈的产生和少数民族地区的生活息息相关，比如羌族的法舞和铠甲舞是专门在祭祀时跳的舞蹈，是属于神系的舞蹈。莎朗舞是羌族舞蹈中最为大家熟知的舞蹈，这种舞蹈包含很多劳作时的体态，因为它原本就是羌族妇女们在辛苦劳作之余用于放松的舞蹈。在社会不断现代化的过程中，莎朗舞在一段时间内濒临消失，因为原始的莎朗舞动作复杂难学，导致年轻一代的人们有畏难情绪学习意愿不强，游客们更是没有多少兴趣。随着政府对民族传统文化的大力支持，在当地政府帮助下，传统的莎朗舞动作中加入了现代新元素，对舞蹈进行重新编排，使新的莎朗舞简单易学又富有羌族特色因子。同时政府还出资将新舞蹈制作成光盘免费发放给当地的民众，让他们模仿学习，才使得莎朗舞逐渐保留和发展起来。现在莎朗舞深受游客的喜爱，不仅能在羌寨里看到人们跳莎朗舞，而且还能在一般的节日庆典和重要宴会以及旅游接待活动中看到莎朗舞表演，其中大型舞台情景剧"禹羌部落"还走上了舞台和荧幕，被更多的人所认识。

（5）彝族火把节

川西的凉山彝族自治州是全国最大的彝族聚居区，火把节是彝族文化符号中最具有代表性的节日庆典活动，也是目前最古老、群众基础最广、内容最丰富、传承最好、影响最深远的彝族文化。火在彝族文化里被看作是超自然现象，火把节是彝族人民崇尚火的象征。火把节的举行日期是每年的农历六月二十四日，这个重大节日的举行将持续三天三夜。

第一天，也就是农历六月二十四日，这一天是火把节的第一个阶段。在这一天人们会杀猪宰羊备酒做祭祀活动，祭祖、祭天、祭山。

第二天，农历六月二十五日，在这一天人们会进行各种传统的体育活动——赛马、摔跤、斗鸡、斗牛等（滕志杰等，2017）[38]。人们通过传统的体育活动，表达对生活的热爱和对过去生活的满足，祈祷来年继续风调雨顺、五谷丰登。

第三天，农历六月二十六日，这是火把节的最后一天，也是整个火把节的高潮阶段，在这一天夜幕降临时人人都会手持火把，竞相奔走，最后人们将手中的火把聚在一起，形成一堆堆巨大的篝火，欢乐的人们会聚在篝火四周尽情地歌唱、舞蹈。这个阶段也是游客最喜欢参与的阶段，和彝族人民一起欢呼歌唱、一起舞蹈。

6.1.8 民族文化沉浸式体验游

沉浸式体验就是利用科学技术营造目标场景虚拟现实体验，使人们产生愉悦感的真实世界情景。传统的模式相对来说吸引力不足，通过这种沉浸式商业模式将民族文化结合起来，开发出新的旅游模式。而川西地区分布着众多的少数民族，有着丰富的民族文化资源，可以为这种商业模式提供丰富独特的文化资源。

（1）打造虚拟文化山寨

到川西地区旅游往往会因为天气、道路不通畅等原因无法前往很多地方参观。近年来，VR技术的流行，让沉浸式虚拟体验成为可能，根据这个旅游潮流趋势，每个旅游景点可以利用计算机技术数字模拟仿真、声光电技术、数字影院、自动控制等高科技手段与艺术完美结合，通过全景式的视、触、听、嗅觉交互融合，打造新型高科技主题山寨，使游客有一种"身临其境"的感觉（薛兵旺，2016）。

（2）打造虚拟演艺剧目

由于现在旅游演艺产品质量参差不齐，缺乏足够的吸引力。通过高科技营造虚拟剧情模式，这样观众就可以进入"舞台中央"，游走于演员情景中，深度体验演艺项目，让观众对演绎作品有更加深入的理解，更加容易产生共鸣。白马藏族文化沉浸式旅游演艺项目，通过环境氛围营造及演职人员表演还原白马藏族文化故事的真实场景，为游客打造了一个虚拟的时空。随着人们对旅游过程中参与性和互动性要求的不断提高，沉浸式演出异军突起，表现令人瞩目。全球首部漂移式多维度体验剧《知音号》演出实现了"观众即演员""船和码头即剧场"，通过"移步换景"的方式，将武汉的大汉口长江文化呈现给大家。

（3）打造虚拟现实剧场

通过营造沉浸式剧场，打造少数民族区域自然与人文影片，通过另一种方式展现少数民族的自然与文化。沉浸式体验让游客们相信自己是这个作品的一部分。通过全角度、多方位调动参与者的注意力来创造和建立一种前所未有的参与感和联系感，从本质上改变了参与者与作品内容互动的方式。这种"完全投入"的状态对参与者来说是非常难忘的体验，往往给他们留下深刻的印象。

6.2 全域生态旅游产业发展

6.2.1 推动文化和旅游深度融合

加快发展现代文化产业。大力发展数字文化、音乐等业态，打造以"动漫影视、游戏、电竞、数字音乐、数字装备"为核心的"5＋N"数字文化产品体系，培育壮大数字创意、数字艺术、数字娱乐、沉浸式体验等新型文化业态。高标准规划建设一批"音乐＋旅游"休闲娱乐活动项目，持续开展"音乐季"活动。抓好文艺创作生产和展示展演展播，大力加强文化遗产保护传承弘扬。举办全国文化和旅游创意产品开发推进活动暨四川省文创大会，支持各地大力发展文创产业，推出一批文化创意产品开发试点单位。积极发展乡村特色文化产业，提升农产品创意设计水平，推动传统文化业态转型升级。

推进文艺精品与旅游融合发展。实施传统川剧、曲艺、美术、音乐、影视等文艺精品与旅游融合开发，支持文艺表演团体、演出经纪机构、演出场所经营单位等参与旅游演艺发展，推出一批沉浸式旅游演艺精品。推进旅游演艺转型升级、提质增效，因地制宜发展主题性、特色化、定制类旅游演艺产品。鼓励开展艺术展演展示活动，打造一批汇聚艺术表演、阅读休闲、观影体验等消费业态的文化商业综合体。

推进文化遗产保护与旅游融合发展。推进历史名人、古蜀文明、巴文化、民族文化、红色文化、农业文化等各类文化遗产的保护传承和创新发展。加快建设国家级非物质文化遗产馆，完善非遗传承体验设施，培育一批非遗旅游体验基地，推出系列具有鲜明地方特色的非遗主题村镇、街区、景区、旅游线路、研学旅游产品，推进传统工艺振兴。突出爱国主义和革命传统教育，优化建设一批红色文化主题旅游景区。积极建设长征、黄河、长江国家文化公园（川西段）。推出一批考古遗址公园、文化生态保护（实验）区、文物保护利用示范区等。

推进公共文化服务设施与旅游融合发展。推动博物馆、美术馆、文化馆、纪念馆等公共文化场馆发挥自身优势，与旅游融合发展，增加旅游体验与服务功能。支持重点旅游区建设特色博物馆，推出一批主题博物馆等文旅融合示范项目。抓好文化和旅游公共服务机构功能融合试点工作，加强公共文化机构与旅游公共服务设施资源共建、优势互补。

6.2.2 推进旅游与相关领域充分融合

加强文化旅游与教育融合发展。推出"自然生态、巴蜀文化、三国文化、红色文化、非遗传承"等多元主题研学产品，建设具有川西特色的研学旅行基地。

强化文化旅游与体育融合发展。实施体育旅游精品示范工程，大力发展冰雪运动、山地运动、水上运动、低空运动等体育旅游融合产品，打造一批体育旅游精品项目，建设一批具备体育健身、运动休闲、赛事竞技和娱乐休憩等多种功能的体育公园。

深化文化旅游与农业融合发展。大力发展观光农业、定制农业、会展农业、休闲农业，开发研学科普、田园养生、农耕体验、民宿康养等农业旅游业态。推进现代农业园区景观化建设，完善配套设施，打造一批乡村旅游景区、休闲农业精品园区、农业主题公园、田园综合体等项目，推出一批美丽休闲乡村、休闲农业精品景点线。

6.2.3 引导文化旅游产业集聚发展

支持文旅企业做大做强。持续培育和引进重大文旅企业。分批分期遴选重大全域旅游项目，开展定向招商和专业招商，实现"引进一个、带动一批"的发展成效。通过重组兼并、出台优惠政策等方式，推动培育一批有实力、有前景的文旅龙头企业。着力建设文旅产业园区。引导相关产业向文旅产业园区集中，增强基础设施建设，提升产业园区配套水平，实现"一园区一特色、一园区一品牌"的旅游产业特色化、集约化发展，形成"储备一批、培育一批、提升一批"的梯次发展格局，支持引导创建国家级文化产业园区。推进落实重大文旅项目。以重点项目促进文化和旅游产业发展，持续用好重点项目协调调度、运行分析、动态调整、投融资促进、定点联系服务和督查考核"六大机制"，重点建设一批标志性、引领性、枢纽性重大文化和旅游项目。加强银政企对接合作，定期举办文化和旅游项目金融对接活动，搭建川西文化旅游国际投资和交流合作平台。

7　川西地区文化旅游产业升级与 ESG 投资

　　川西地区拥有较多的世界遗产、非物质文化遗产以及良好的自然观光资源，但是在目前发展过程中仍面临诸多问题，如部分地区以牺牲生态环境为代价的发展、经济落后导致的基础设施建设不完善等。如何将资源优势转化为产业优势，推动川西地区文化旅游产业高质量发展，是亟须解决的问题。

　　党的二十大报告提出要推进美丽中国建设，坚持山水林田湖草沙一体化保护和系统治理，统筹产业结构调整、污染治理、生态保护、应对气候变化，协同推进降碳、减污、扩绿、增长，推进生态优先、节约集约、绿色低碳发展。要加快发展方式绿色转型，实施全面节约战略，发展绿色低碳产业，倡导绿色消费，推动形成绿色低碳的生产方式和生活方式。深入推进环境污染防治，持续深入打好蓝天、碧水、净土保卫战，加强土壤污染源头防控，提升环境基础设施建设水平，推进城乡人居环境整治。提升生态系统多样性、稳定性、持续性，加快实施重要生态系统保护和修复重大工程，实施生物多样性保护重大工程，推行草原森林河流湖泊湿地休养生息，实施好长江十年禁渔，健全耕地休耕轮作制度。立足我国能源资源禀赋，坚持先立后破，有计划分步骤实施碳达峰行动。深入推进能源革命，加强煤炭清洁高效利用，加快规划建设新型能源体系，积极参与应对气候变化全球治理。这些目标和任务的实现离不开全国人民的共同努力，川西地区文化旅游产业的发展也需要围绕上述工作展开。

　　ESG 投资起源于社会责任投资，随着全球环境问题日益突出，投资者逐渐意识到企业环境绩效可能会影响企业财务绩效，企业环境绩效逐渐成为投资价值判断的依据之一。与此同时，企业的社会绩效和公司治理绩效也逐渐纳入投资人的投资决策考虑因素中。ESG 投资助力川西地区文化旅游产业升级有三条主要路径：一是推动川西文化旅游企业关注 ESG 绩效；二是为川西文化旅游资源升级提供融资支持；三是推动川西文化旅游产业的均衡发展与低碳转型。

7.1 ESG 投资

7.1.1 ESG 投资概念

ESG 是英文单词 Environment、Society 和 Governance 三个单词首字母的缩写，ESG 投资是指在进行投资决策时将企业的环境、社会责任和公司治理绩效作为重要考虑因素纳入决策判断中，倾向于投资那些拥有良好 ESG 表现的企业。在 2004 年，联合国全球契约组织（UNGC）与 20 家金融机构联合发布了标题为《Who Cares Wins》的报告，正式提出了 ESG 投资理念。这不仅仅是"可持续发展理念"在公司微观方面的反映，也把公共利益纳入公司价值观，从而内化公司经营对自然与社会的外部作用，引导经营者在开展公司项目的同时关注环保和社会效益。

目前 ESG 体系主要包括三大环节：ESG 披露、ESG 评价、ESG 投资。企业根据评价体系包含的内容对相应信息进行披露，评级机构再对企业披露的 ESG 信息进行评价，最后投资者可根据企业 ESG 评价情况进行投资决策，力争实现投资价值与社会价值的统一。投资者们基于 ESG 评价体系，可以评价企业在履行社会责任、促进经济可持续发展方面所做的贡献。

具体来说，环境（E）指的是企业在生产经营过程中的环境表现，主要为减少或避免产生对环境有污染和破坏的行为或开拓保护环境的新型生产方式，例如降污减排、申报绿色专利、建立企业内部环境保护条例等；社会责任（S）则是广义的与社会福利和利益有关的因素，包括股东满意度、顾客满意度、员工满意度和公益捐赠等；公司治理则是与本企业治理有关的因素，包括董事会结构、董事会薪酬水平、股权集中度和风险管理等。

根据参与主体不同，ESG 分为 ESG 实践与 ESG 投资。ESG 实践的主体是各行各业中的实体企业。ESG 投资的主体是资产所有者（AO）和资产运营公司（AM），以实体企业为投资对象。ESG 投资基于传统的财务分析，将Environment（环境）、Society（社会）、Governance（治理）三方面整合到投资研究实践中，找到那些具有中长期发展潜力的企业。ESG 作为近年来新的投资理念，让投资者在追求财务业绩的同时，更加关注环境、社会、公司治理等非财务因素，为推动绿色金融发展，实现碳中和提供了新思路。

7.1.2 国内外 ESG 投资发展现状

（1）国外 ESG 投资发展现状

推动实现可持续目标和气候转型需要全球市场的共同努力。在 UNPRI 的引领和推动下，2021 年，全球涉及 ESG 投资的资产规模超过 121 万亿美元，较 2020 年的 103.4 万亿美元增长超过 17%。截至 2022 年 6 月 30 日，共有 5 021 家机构加入 PRI（第一财经，2022）[39]。其中，资产管理者 3 811 家，资产所有者 694 家，服务提供商 516 家。

①美国 ESG 投资现状。美国已成为 ESG 投资规模最大的国家。根据 GSIA 统计，美国在 2020 年的可持续投资资产规模达到 17.1 万亿美元，占美国金融机构资产管理规模的 33%，在全球可持续投资资产中占比 48%。据 UNPRI 官网的数据，2021 年美国 PRI 签署机构共 961 家，相比 2020 年的 686 家增加了 275 家，同比增长 40.1%。截至 2022 年 6 月 30 日，美国签署 PRI 机构共 1 003 家。其中，资产管理者 854 家，资产所有者 65 家，服务提供商 84 家。

由于政府换届，美国可持续投资的监管政策也发生了巨大改变。前总统特朗普领导的政府试图通过在劳工部（DOL）和证券交易委员会（SEC）采取行动限制可持续投资。如今，拜登政府已经采取多种措施来扭转形势并减轻前期影响，包括不限制退休计划中考虑 ESG 标准和代理投票并要求上市公司进行 ESG 信息披露等。其间，可持续投资的热潮未被影响，投资者对 ESG 投资的兴趣持续升温。

②欧洲地区 ESG 投资现状。据 GSIA 统计，2020 年欧洲地区可持续资产投资规模为 12 万亿美元，占全球可持续投资资产规模的 34%，仅次于美国，但相比 2018 年的 14 万亿美元有所下降。实际上，该时段处于修订可持续投资定义相关的过渡期。不考虑计算偏差，欧洲地区的可持续投资规模依旧处于全球领先地位。

自 2018 年欧盟可持续金融行动计划发布以来，特别是《可持续金融披露条例》（SFDR）中可持续投资的新定义，对 ESG 投资市场产生了重大影响。SFDR 要求投资经理在其投资中纳入可持续风险，从而使 GSIA 所定义的可持续投资策略，如负面筛选、规范筛选和 ESG 整合纳入投资金融产品的预期流程。此外，欧盟委员会还发布《企业可持续发展报告指令》（CSRD），要求大公司定期发布其对社会和环境影响的报告。由于欧盟政策不断向 ESG 方向倾斜，从长远来看，欧洲地区可持续投资趋势向好。

(2) 国内 ESG 投资发展现状

近年来，受欧美国家可持续投资理念的影响，中国 ESG 投资发展迅速，规模不断扩大。据 UNPRI 的数据，截至 2022 年 6 月 30 日，中国市场已有 103 家机构签署了 PRI，其中，资产管理者 75 家，资产所有者 4 家，服务提供商 24 家。从 2012 年起，中国开始参与 UNPRI，至 2017 年签约数量仍为个位数。2017 至 2018 年，签约数量激增。2020 年至 2021 年，除拉丁美洲（77%）外，中国是签约数量增长最快的市场，涨幅为 46%。《2021 中国 ESG 发展创新白皮书》显示，国内 ESG 理财产品规模预计在百亿级左右，但对比中国银行理财市场 27.95 万亿元的存续规模，仍有巨大的发展空间。

①中国 ESG 投资相关政策及机遇。为有效应对气候变化，将经济发展模式从资源消耗型转向可持续发展，中国出台了一系列相关政策，成为后续中国市场 ESG 投资发展的强大驱动力。

2016 年，为促进创业投资良性竞争和绿色发展，国务院印发了《关于促进创业投资持续健康发展的若干意见》。据中国绿色金融政策数据库的数据显示，自 2016 年以来，国家和地方层面的绿色金融政策已超过 700 项。这些政策涵盖了不同试点地区、行业和企业，涉及建立绿色项目注册平台，以及为投资者和发行人提供税收和金融优惠。在"双碳"目标的大背景下，ESG 可持续投资、绿色金融等关键词越发受到国内机构投资者的重视。同年 10 月，生态环境部、国家发展和改革委员会、人民银行、银保监会、证监会五部门联合发布《关于促进应对气候变化投融资的指导意见》。文件中强调了监管机构必须支持和激励金融机构开发气候和绿色金融相关产品和项目。

在"十四五"规划期间，中国大力推动生态文明建设。2021 年，政策因素是促进 ESG 发展的最重要因素。2021 年 7 月，国家发改委发布《"十四五"循环经济发展规划》，大力发展循环经济，推进资源节约集约循环利用。中国 ESG 方面的政策接踵而至，绿色金融政策体系为未来中国市场 ESG 投资和绿色金融发展打下了坚实基础。

②中国 ESG 投资发展趋势。引导金融资源向绿色发展领域倾斜的战略部署使得 ESG 投资等碳金融业务迅速发展。《中国责任投资年度报告 2021》将中国主要责任投资（广义 ESG 投资，仅涉及 ESG 三项任意一项即可）类型分为绿色信贷、可持续证券投资和可持续股权投资。同时，可持续证券投资分为可持续证券投资基金（包括 ESG 公募基金和 ESG 私募证券基金）、可持续债券（包括绿色债券、可持续发展挂钩债券和社会债券）和可持续理财产品。其中，绿色信贷余额市场规模最大，达到 14.7 万亿元，绿色债券次之，规模为16 500 亿元。相比绿色信贷和绿色债券，ESG 公募基金市场规模要小很多，但却是个人投资者最常见的 ESG 投资标的，许多个人投资者越发倾向于投资 ESG 公募基金。养老基金作为大体量资产所有者，其长期投资属性与 ESG 投资相契合，是 ESG 投资的重要载体和重要推动力。社保基金作为养老金体系中的战略储备部分，成为中国养老金在 ESG 投资实践中的先行者。

2022 年 7 月 4 日，气候债券倡议组织（CBI）和中央结算公司联合发布

《2021 年中国绿色债券市场报告》（以下简称"报告"）。报告显示，2021 年全球绿色债券年度发行量超过 5 000 亿美元（5 130 亿美元）。美国、中国和德国处于领先地位，2021 年绿色债券发行量分别为 835 亿美元、682 亿美元和 633 亿美元。同时，中国从 2020 年的排名第四跃升至 2021 年的第二位。截至 2021 年底，中国累计绿债发行量为 1 992 亿美元（近 1.3 万亿元人民币），仅次于美国（3 055 亿美元）。报告显示，中国绿债市场在 2021 年发行量增量领先于其他主要市场。中国绿色债券市场同比增幅为 444 亿美元（2 863 亿元人民币），即同比增速为 186%。美国、英国和德国的增量排名其次，分别为 332 亿美元、285 亿美元和 209 亿美元。此外，截至 2021 年底，中国在境内外市场累计发行贴标绿色债券 3 270 亿美元（约 2.1 万亿元人民币），其中近 2 000 亿美元（约 1.3 万亿元人民币）符合 CBI 绿色定义。

7.1.3　ESG 投资促进企业高质量发展的作用机理

ESG 投资理念作为一种新型投资理念，它主要关注企业在环境、社会和公司治理方面的绩效，这与公司高质量发展趋势不谋而合。ESG 投资理念推动企业的目标从股东财富最大化向利益相关者利益最大化转变，这些利益相关者包括企业的股东、债权人、员工、消费者以及供应商，同时包括受到企业经营影响的社会大众。ESG 投资理念促使企业在经营过程中更多地去关注环境责任、社会责任和公司治理责任的履行。企业在追求经济效率的同时，追求绿色、创新、以人为本，从而实现高质量发展。

（1）环境责任促进企业高质量发展的机理分析

ESG 的环境维度主要包括企业所需要的资源、适用的能源、排放的废物，以及由此产生的环境影响。这个维度体现了发展绿色循环经济的本质要求，是衡量企业推动产业转型升级的关键指标，也是高质量发展的重要标志。经济发展不能以牺牲生态环境为代价，破坏环境的发展方式也许短期内会取得一定的利益，但这是不可持续的，不是高质量发展，这样的企业在 ESG 投资中也不会得到青睐（李耀强，2022）[40]。

第一，从可持续发展理论出发，企业作为经济中的微观个体，在环境表现方面，多从自身利益最大化角度出发，利益驱动导致其可能做出不利于社会长期可持续发展的行为，如排污水排废气、使用不符合质量要求的材料等。这些行为虽然短期会给企业带来一定利润，但这些具有负外部性的行为会对企业所处地区造成危害，长此以往不利于社会整体发展，最终也会损害企业自身利益，导致企业难以实现可持续发展。

第二，从利益相关者理论的角度出发，随着绿色可持续发展理念的积极推广，社会各界对于企业环境表现的敏感度不断提升。企业出现的违法违规行为不仅会导致企业形象受损，社会公众对于企业的信任感也会大幅下降，消费者或者企业客户对于产品购买的减少或放弃购买将直接导致企业收入利润减少，价值降低。同样的，若企业在环境方面表现良好如获得"环保奖"等，消费者或者企业客户对于企业信赖感加强，企业产品需求的增加会带来企业收入、利润和价值的提升。

（2）社会责任促进企业高质量发展的机理分析

从资源依赖理论的角度出发，如果企业侵害了员工或客户的利益，对于企业本身来说是有利的，对整个社会来说却是有害的，长此以往将会导致企业所在的整个社会受到影响，不利于长期发展；从利益相关者角度分析，企业意识到即使履行社会责任需要履行成本，但这些社会责任将会产生回报。

第一，企业对于股东利益的保障和对企业利润的合理分配传递出企业对投资者保护的信号。从外界投资者来看，企业传递的投资者保障信号不仅有利于吸引外部投资，还在一定程度上降低了投资者对信用风险索要的额外报酬，企业获取投资资金的成本降低也有利于企业价值的提升。第二，企业对员工履行社会责任有助于吸引优质人才。企业价值来源于企业生产，而企业生产离不开劳动者。优质员工是企业蓬勃发展的动力源泉。完善员工福利保障、提供员工培训和建立明确的绩效奖励机制有助于吸引优质人才为企业提供服务，调动员工的主观能动性和积极进取性，进而为企业创造价值。第三，企业对客户和供应商履行社会责任有助于稳定供应链。企业维护与供应商和客户的关系可以使得企业在较为稳定的环境中生产经营，减少了因供应商和客户大幅波动而带来的额外开拓成本。

（3）公司治理责任促进企业高质量发展的机理分析

ESG 的公司治理维度包括了董事会结构、股权结构、合规管理、创新发展等多个方面，它主要反映的是企业为实现自我管理、有效决策、法律合规和满足外部利益相关者需求而建立的内部机制。在相同的外部条件下，公司治理能力是决定一个企业好坏至关重要的因素，也是企业实现高质量发展的内在动力（李耀强，2022）[40]。

第一，从委托代理理论分析，良好的公司治理体系有助于降低委托代理成本。从公司治理的架构来看，股东大会是公司的最高权力机构，公司许多重要的决策均来自股东大会的决定，并由董事会和管理层来具体落实，因此，股东是否能够积极参加股东大会并有效行使其股东权力，董事会的决策机构是否有效，全体董事是否认真履职，管理层是否高效执行董事会决议，对于公司的长远发展具有极其重要的影响。相较于企业原有的管理层，外部股东尤其是机构投资者和独立董事与企业各方的联系较少，可以更加公正客观的做出管理决策，减少裙带关系、银商关系和政治关系等不利影响对企业的损失，提升企业价值。此外，外部股东中的机构投资者多由经验丰富的投资人员组成，具有外部的知识和信息优势，他们的积极参与有助于提高公司的决策质量和治理效率，他们也会监督企业管理减少做出不利于股东或企业发展的决策，从而使企业价值增加。

第二，从信息不对称理论分析，随着社会对企业公司治理水平的关注度越来越高以及人力资源市场的日趋成熟，出于个人声誉和再就业的考虑，管理层为了传递企业公司治理良好的信号也不得不约束自身行为，减少对股东的利益侵害。

7.2　川西地区文化旅游产业特点与 ESG 投资

7.2.1　川西地区文化旅游产业特点

(1) 川西地区文化旅游产业资源优势

川西地区是我省重要的文化旅游产业重要组成部分。其文化资源丰富、绚丽多姿、特色鲜明、亮点众多。藏羌彝各具民族特色的风俗习惯延存至今，其对神山、神林、圣湖、神灵寄身地的崇拜和敬畏，造就居民长期祭祀的习俗。热情好客的民族性格、能歌善舞的民族风情、远离城市的喧嚣、广袤的土地、清新的空气和自然景观使得川西地区成为国内外著名的旅游胜地。华夏人文女祖嫘祖和圣王大禹、神秘的康巴、传奇美人谷、女国泸沽湖、神圣的岷山、仙境九寨、瑶池黄龙、梦幻亚丁、壮美贡嘎、茶马古道等别具民族风情的景点广为人知（王茂春，2015)[41]。为川西地区民族风格题材的文化作品创造了得天独厚条件的同时也更好的传承了非物质文化遗产，如藏羌彝等文化舞蹈演出、影视产品、图书、民族工艺美术品等。

(2) 川西地区文化旅游产业现状

丰富的自然资源背后也面临诸多困难：川西高原青藏高原向四川盆地过渡的横断山脉，主要植被以针阔叶混交林为主，对生态的调节作用有限，生态系统敏感脆弱，质地松软，极易遭受风化侵蚀，水土流失严重，生态修复难度较大，植被恢复速度慢，再加上川西经济落后基础设施建设不完善、后期维护成本高，资源环境约束突出，制约了景区的游客承载能力，特别是具有明显季节性限制的景区，例如九寨沟、黄龙溪等在节假日期间游客数量激增，带来巨大承载压力，导致游客滞留。

地处山区，滑坡、泥石流、地震等自然灾害和次生灾害易发、多发、类型多、分布广。地震、泥石流对九寨沟、海螺沟等景区的破坏时常威胁着景区旅游资源和旅客生命安全,"8·8"九寨沟地震导致九寨沟景区受损严重,旅游人次和收入大幅下滑。受自然灾害频发和生态环境保护影响,铁路、高速公路、航空等均存在明显短板,对服务业带动能力有待提高,同时还需要投入大量资金进行重建。

经济发展滞后,基础设施建设和公共服务短板明显,特色资源优势利用不足,很多旅游资源仍处于"休眠"状态。部分已开发景区内公共基础设施较差,配置设备老旧,厕所环境脏乱差。景区内停车场的停车位较少,一旦遇上旅游旺季,停车位就会出现供不应求的情况,严重阻碍了正常的道路通行。不能实现更好的经济效益,也不能更加有效的带动周边地区的经济发展。受资金和人才等因素限制,川西地区还有个别尚待开发的旅游景点还未修建公路,导致市场化和对外开放程度受限。民族文化与旅游结合开发程度还有待提高,总体上仍侧重于将自然生态环境进行简单的开发,以单一的观光产品为主,未能完全形成能够带动游客亲身感受的旅游产品,民族文化特色体验不够深、参与度低,缺乏大型文化旅游产品。同时,许多景点开发深度不够,游客看完即走,不在当地过夜的快进快出的旅游方式导致游客的消费水平不高,对地方经济的发展促进作用有限,也难以创造更多的本地就业机会。

文化旅游产品的产业链较短,缺乏附加值高的高端文化旅游产品,"大品牌、小产业"现象较为突出(喇明英,2011)[42]。完全依赖丰富的旅游资源并不能满足当下游客日益增长的精神文化的追求。需要满足游客更高的需求,从多层次、多维度丰富川西全域旅游产品内涵,打造极具影响力和吸引力的品牌特色,延长产业链,通过文化产品源源不断的输出提高自身品牌形象。目前川西地区文化旅游知名度还有待提高,各景点打造的旅游名片缺乏总体规划,政府出台的相应的产业发展机制、管理体制和保障政策还未落实到位。

7.2.2 川西地区 ESG 投资发展现状

(1) 川西地区将 ESG 纳入发展规划

随着 ESG 投资在我国各行各业逐渐受到关注,"十四五"期间,四川省人民政府在针对全川和川西北地区进行文化旅游产业规划时也将 ESG 理念纳入了其中。例如甘孜州人民政府设立产业引导投资基金,基金总规模暂定为 10 亿元,后期可根据财政承受能力和整体产业规划及项目具体情况扩大基金规模,逐步达到 50 亿~100 亿元。基金投资领域以清洁能源和文化旅游产业为重点,主要包括:文化旅游产业、现代农牧业、特色藏药业、优势矿产业、特色文化产业、清洁能源产业等。由于经济规模总体不大,自身产业结构单一,再加上资本市场较小，金融产品较为单一，财政支持方式缺乏多样性，政策导向不足，资金使用无序，导致当前实体经济面临较多困难。为了加强资金预算管理，提高使用效率，充分发挥财政政策对川西文化旅游产业的促进作用，建议以财政资金为引导设立旅游文化产业发展基金，有效吸纳社会资本，拓宽融资渠道，推动文化旅游等产业更好地发展，促进经济转型升级。

从环境角度上，在川西"十四五"规划中，政府将保护环境放在了首位，要求加强生态空间保护，针对川西各个生态系统存在的短板进行对应的保护，将水源涵养、生物多样性保护、生态功能区保护统筹结合，推进黄河、金沙江、岷江等生态廊道保护与开发，因地制宜开展环境保护与修护工作，积极应对多发频发的自然灾害，提高防治能力。通过景区新能源公共交通出行减少其他排放，促进绿色低碳循环发展，开展碳资产提升行动，推动林草、湿地碳汇开发和交易，推进生产过程碳减排、碳收集利用试点和封存试点，加快发展碳汇经济。

从社会角度上，实施乡村振兴战略，优先发展教育事业，大力促进就业创业。加强对文化旅游产业工作人员的管理，全面提高从业人员素质，培养一批高素质的旅游专业人才队伍。形成从政府到企业，企业到员工，员工感染游客的传递，带动社会低碳环保出行，促使游客在消费时为低碳环保产品买单，提高旅游企业的环境绩效。同时完善人才发展环境，缩小川西地区与其他地区人才数量上的差距，持续为员工搭建成长平台，为员工提供多元化的职业发展途径，推动员工成长与企业进步相统一，实现赋能业务发展和员工成长，形成企业培养人才，人才促进企业发展的良好循环。完善就业创业扶持政策，加大高校毕业生就业支持力度，鼓励对口帮扶地区、省属企业吸纳高校毕业生在内地就业，鼓励国有企业、政府投资项目吸纳当地劳动力就业，引导农牧民多渠道转产就业，加大以工代赈项目实施力度，动员组织农牧民参与工程建设管护，开展农牧民就地转化为生态工人试点。建立重大产业、项目、投资就业吸纳能力评估机制。支持自主创业，建设返乡创业基地。

从治理角度上，全域统筹规划，开展"旅游＋"模式，加强文化创作和推广。引入新技术丰富旅游体验，使用智能管理改进景区服务。目前以互联网为代表的最新信息技术，给旅游产业带来了相当大的变化，加速了旅游市场的复苏。以"互联网＋旅游"为代表的新旅游格式的快速发展，进一步促进了生产方法、服务方法和管理模式的创新，完善了产品格式，进一步扩大了旅游消费空间。川西地区的文化产业可引入"互联网＋旅游"的模式，为当地全域旅游注入新的活力。实施文艺作品质量提升工程，振兴出版、影视、美术和文学，打造藏羌民族文化特色舞台剧，推出系列主题文艺作品。实施文艺精品传播计划，发展壮大文艺院团，发展新文艺群体，加强文化宣传推广，深化跨区域人文合作交流，充分发挥新媒体作用推动文化产业创新发展。加强藏羌彝文化产业走廊建设，建设文化产业集聚区，打造文化街区、文化村镇、音乐活动和创意文化中心。培育发展藏羌特色原创 IP 经济，壮大文化旅游、演艺娱乐、影视拍摄、音乐制作等产业。实施文化产业数字化战略，发展新型文化业态和文化消费模式。做好川西文化和旅游重点项目库动态管理。加强银政企对接合作，定期举办文化和旅游项目金融对接活动，深入推动"金融服务文化和旅游，产业融合金融"模式。完善线上文化和旅游项目投融资服务，搭建文化旅游国际投资和交流合作平台。提升文化和旅游项目推进水平，梯次推进文化和旅游项目建设。强化考核督导，将金融机构政策落实情况进行监督评级，并将检查评分结果与其他要素关联，加深金融机构的重视程度。建立绿色信贷工作激励约束机制，将绿色信贷工作开展情况与内部绩效考核挂钩。按照国家出台的节能环保政策不断调整信贷政策，优先考虑融资企业环境评价达标情况。将 ESG 基金或 ESG 评级里较好的环保低碳行业纳入鼓励类行业。对高耗能、产能过剩行业贷款坚决实行退出机制，严格实行名单制管理。2022 年甘孜州绿色信贷余额达 236.51 亿元，占各项贷款的 48.87%，远高于全国平均水平。此外，还可以拓宽融资渠道，探索绿色信贷新产品和信贷新模式。创新发展"银行＋合作社＋农户"模式，适当降低贷款准入门槛，优先支持涉及文化旅游产业、生态特色农牧业、生态能源产业等行业的龙头企业和专合组织；积极推进绿色保险，筑起保险屏障。绿色保险分森林保险、环境污染责任保险两种，对生产高污染的企业开展环境污染强制责任保险制度。

截至 2020 年 3 月底，全国文化和旅游领域共成功发行地方政府专项债券 23 只、发行规模 132.59 亿元，其中四川省文化旅游专项债券发行 16 只、发行规模 82.33 亿元，分别占发行总数的 69.6% 和发行总规模的 62.1%。为加快推进四川省文化和旅游领域重大项目落地实施、稳定行业投资规模、坚定文旅行业信心、助力文旅行业复工复产，四川省文化和旅游厅把发行地方政府专项债券作为"六稳""六保"工作的有力抓手，积极用好地方政府专项债券支持文旅重大项目，举办文旅专项债券及投资基金融资对接交流活动，优选和发布文旅投融资项目，加大金融服务文旅项目力度，切实帮助文旅企业纾困融资。

川西各地文化和旅游管理部门需要进一步加大文旅企业金融服务工作力度。通过搭建政银企对接平台，举办金融服务与文旅企业恳谈对接活动，为文旅产业发展提供针对性的金融服务解决方案。通过加快研究制定推动文旅产业转型升级的具体办法，大力发展数字文旅、夜间文旅经济、民族特色旅游、旅游演艺、中医药健康、冰雪旅游、水电旅游等新业态。从而激发川西地区文旅消费潜力，让文旅消费成为拉动川西地区经济增长新引擎。

目前川西地区通过引入 ESG 基金、债券作为绿色低碳文化旅游发展配套设施建设的融资。以国有企业为主，中国华电四川公司宣布，华电福新（雅江）能源发展有限公司将投资 1.4 亿元设立雅江县乡村振兴基金，是川西首个由央企出资设立的县级亿元规模乡村振兴专项基金，总投资 25 亿元，装机规模 50 万千瓦，年平均发电量 9.17 亿千瓦时，每年发出的电量可减少使用标准煤超 28 万吨、减排二氧化碳超 77 万吨、减排二氧化硫超 148 吨、减排氮氧化合物超 165 吨、减排烟尘超 30 吨（刘忠俊，2022）[43]。光伏＋产业将有效带动本地种植业、养殖业及文化旅游产业发展，构建生态、农业、文化旅游产业基本产业链，优化产业结构。

（2）川西地区 ESG 投资存在的问题

项目投资的生态、民生、经济、文化等区域发展综合价值没有得到充分体现。在一些项目招商过程中，投资商一味关注自身经济利益，对旅游地当地居民就业等民生问题、宗教问题等关注不够，其利益机制设计中和项目落地过程中，没能全面考虑社会层面，引发当地居民不积极、不配合等问题，甚至严重时出现矛盾激化，从而影响了项目的落地建设。

投资相关政策能给企业带来的实际收益有限，激励力度较小。虽然各级政府为了促进旅游产业发展，出台了关于旅游用地审批、用水用电用气价格和税费优惠、重点领域投资奖励和投资补贴等多方面的激励性政策措施，但这些旅游投资相关政策在实际执行过程中往往被税务、土地、规划、电力等部门以不符合国家政策或法律为由给予否定，导致优惠政策难以兑现。

没有建立系统的旅游投资风险防控机制。地方通常通过优惠出让土地进行房地产投资建设的方式来保障旅游项目企业的投资收益，但对于一些无力完成建设或建成后经营状况差的旅游项目缺乏有效的退出机制，从而可能导致旅游资源的浪费或发展机会的丧失。

由于我国国情与国外具有较大差异，国外 ESG 评价体系种类较多，缺乏标准，仍处于初期发展阶段，尚还需要与我国实际国情相结合进行积极探索，逐步形成具有中国特色的评价体系，促进经济社会发展的同时与国际接轨。目前已经形成包含商道融绿 ESG 评级体系、和讯 CSR 评价体系、商道纵横 MQI 评价体系、中央财经大学绿色金融国际研究院 ESG 评价体系等（LIU PEI，2020）几类相对完整的评价指标体系。中财大绿金院 ESG 评价体系在考虑国际投资者关注的重要指标的同时又注重本土化，填补了适应中国市场需求的国际 ESG 评估体系空缺（包兴安，2020）[44]。不同评价体系之间选取的侧重点不同，对同一对象的评价指标差异较大，使得 ESG 评价难以达成共识。同时相关信息难以获取、制度不统一、可信度不高，缺少规范的信息披露规则，仍然是机构开展 ESG 投资的主要挑战。

7.3 ESG 投资助力川西地区文化旅游产业发展

7.3.1 ESG 投资模式与作用路径

（1）ESG 投资助力川西地区文化旅游产业发展的投资模式分析

ESG 投资具体到川西地区文化旅游产业的发展上，内涵可以概括为：把文化旅游产业发展的可持续性放在首位，在发展文化旅游项目时注重环境责任和社会责任的履行，注重川西地区文化旅游产业中企业公司治理水平的提升，实现川西地区文化旅游产业升级。

在 ESG 投资理念的指导下，川西地区文化旅游产业发展的盈余目标是多重维度的统一。除了经济效益，川西地区文化旅游产业的发展还兼顾社会效益和环境效益，实现可持续性发展。经济效益是文化旅游产业发展的根本，是吸引源源不断资金投入的前提。社会效益目标的兼顾意味着川西地区的文化旅游产业在发展时，需要对员工福利、游客在旅游过程中的安全保障、产品或服务的质量、设备的安全性能以及下游供应链服务商的利益投入更多的关注和资金支持。环境效益目标的兼顾意味着企业经营过程中会将外部负面影响降到最低，对于产业发展过程中的碳排放问题、废气污水等的处理问题不再袖手旁观，而是以长期发展的视角积极应对。ESG 投资理念将促使川西地区的文化旅游产业形成经济效益目标、社会效益目标和环境效益目标的有机统一。

在 ESG 投资理念的指导下，川西地区文化旅游产业的投资模式将发生改变。传统的投资模式是政府和企业关起门来说了算，公众的参与度很低。这种投资模式的弊病在于，公众作为一个不容忽视的利益集体，承担着企业发展带来的各种外部影响，但对形成这些外部影响的投资决策却没有话语权。ESG 投资理念下的投资模式将公众加入投资决策的参与者中，形成"三位一体"的投资模式（张小溪和马宗明，2022）[45]。在这种新模式下，企业的投资决策受到了更多的约束，从企业投资决策开始就将公众的利益纳入考虑范畴，极大程度上减少了违背公众利益的产业项目的开发。

（2）ESG 投资助力川西地区文化旅游产业发展的作用路径分析

ESG 投资理念下的川西地区文化旅游产业将是绿色金融产业与文化旅游产业相融合的产业体系。绿色金融产业的加入将为川西地区文化旅游产业的发展提供绿色资金支持，推动川西地区文化旅游产业升级。

　　①推动川西文化旅游企业关注ESG绩效。ESG投资理念将推动川西地区的文化旅游企业更加关注ESG绩效，抓住ESG投资趋势下的发展机遇，实现企业的可持续高质量发展。在2022年的博鳌亚洲论坛年会上，稻草熊娱乐集团的董事会主席兼首席执行官刘小枫表示，要应对充满挑战的环境，企业需要将环境、社会及公司治理相关问题提升到战略层面，并形成规范化及制度化的管理体系。稻草熊娱乐集团立足于文化产业，将ESG放在了公司治理的规划中。稻草熊娱乐董事会设立环境、社会及管治委员会，负责监察和指导集团环境、社会及管治愿景、策略及架构的发展和实施情况。公司还制定了完善的ESG治理结构，并定期对ESG工作的成果及有效性进行标准化评估，确保将对ESG的认知落实为具体行动。

　　刘小枫表示，稻草熊娱乐未来可积极探索并开发与ESG时代相关的影视剧作品，用内容传播的优势去宣传可持续发展观念，向社会大众普及"双碳"、人类与自然和谐相处的理念，探索环境、社会、公司治理趋势以及相关机遇。

　　②为川西文化旅游资源升级提供融资支持。一是绿色金融对自然、人文景观的保护作用。因为川西的文化旅游产业发展大多是以资源驱动为主导的，若要实现川西的文化旅游产业的可持续发展，至关重要的一步就是要改善已遭到破坏的景区环境，保护未遭到破坏的生态环境。二是推动以"绿色"为主题的文化旅游项目的开发应用。通过充分开发川西地区的文化旅游资源，发展绿色主题文化旅游项目，在获得绿色金融青睐的同时可以很好地发挥川西地区文化旅游资源的优势，打造川西地区的优质文化旅游品牌，充分发挥得天独厚的资源优势。三是发展川西地区的特色农业。绿色金融的加入将为川西地区的特色农业发展助力。在保护发展特色农业所必需的生态环境的同时，绿色金融的资金支持将助力当地特色农业的物流建设和产业化经营，将产品更快、成本更低地销往全国；绿色金融将助力当地特色农业的品牌建立，通过各种生物技术的引入和种植培训，提升当地特色农产品的品质。四是强化旅游基础设施建设。例如游客在乡村的衣食住行问题，这就涉及农家乐基础设施的建设问题。另外，在运行过程中还涉及农家乐的管理问题。而这些问题，就为绿色金融找到了发力的支点。绿色金融可以向外界融资，解决基础设施建设问题。

　　③推动川西文化旅游产业的均衡发展与低碳转型。要解决川西文化旅游经济发展不均衡问题，可以借鉴经济学中的要素禀赋理论，让各地区根据当地资源的要素密集度发展具有当地特色的旅游模式，发挥各地区的比较优势来吸引游客。而绿色金融在这个过程中可利用各种绿色金融工具在保护生态环境的前提下，将各地区的比较优势作用发挥到最大。旅游经济发展较缓的地区通过发掘"比较优势"，形成自己独有的特色，利用绿色金融工具，缩小与其他市县

的发展差距。

ESG 投资将推动整个川西地区的文化旅游产业低碳化转型，提升旅游产品和服务的质量。在 ESG 投资理念的指导下，川西地区的文化旅游产业将形成绿色低碳的旅游文化，一方面，游客们在旅游过程中被鼓励留下更少的碳足迹；另一方面，文化旅游企业通过增加环保支出，采用环保材料等减少碳排放，保护自然环境。同时，在 ESG 投资理念的指导下，文化旅游企业在经营过程中将环境责任、社会责任和公司治理责任纳入绩效考核体系，有助于提升所提供产品和服务的质量，实现可持续发展。

7.3.2 川西地区文化旅游产业实现 ESG 投资的建议

(1) 宏观层面：政府政策

①政府政策的支持。文化旅游产业 ESG 投资作为一种新的投资模式，政府需制定并完善相关政策和法律法规。政府应协调相关部门在旅游项目审批、税收、土地等相关方面制定优惠政策，推动制定鼓励文化旅游产业 ESG 投资的产业政策；同时，川西地区甘阿凉三州需要尽快出台地方性法规和自治条例，对 ESG 投资过程中可能出现的各种问题进行约束。

②规范管理 ESG 投资项目。川西地区甘阿凉三州和绵阳雅安两市地方政府需要对 ESG 投资项目进行规范管理，防止出现重复建设、恶性竞争等情况，优化资源的配置。对于 ESG 投资项目，通过设立文化旅游项目评估委员会、执行项目审批制度等方式，对 ESG 投资项目进行审核，确保文化旅游产业 ESG 投资项目的合理性和项目建设的有序性。

(2) 中观层面：行业组织

①制定和推行川西地区文化旅游产业 ESG 投资标准。ESG 投资追求经济效益目标的同时兼顾社会效益目标和环境效益目标，在制定 ESG 投资标准时，需要和以往投资标准有所差别。由川西地区文化旅游产业的行业组织负责 ESG 投资标准的制定和推广，提高 ESG 投资的效率，避免 ESG 投资过程中的无序性。

②建立和完善 ESG 投资服务系统。旅游行业组织应根据 ESG 投资的需要完善旅游投资服务管理体制，逐步建立起旅游 ESG 投资管理服务系统，包括：建立专业化的文化旅游产业 ESG 投资咨询公司和专门负责 ESG 投资的服务机构；建立旅游 ESG 投资项目资料信息库，定期发布指导性的分析报告和信息；举办旅游 ESG 投资研讨会和 ESG 投资项目招商交易洽谈会等。

(3) 微观层面：企业和当地居民

①关注 ESG 责任是企业可持续发展的战略举措。企业应该认识到提高

ESG 绩效是自身立足未来，实现可持续发展的重要战略举措。企业在经营过程中应该关注环境责任、社会责任和公司治理责任的履行，提高自身的 ESG 表现水平。通过关注 ESG 绩效来实现多重盈余的企业目标，实现企业的高质量发展。

②项目投资前的绿色论证。川西地区的文化旅游投资项目在投入建设之前，需要经过一定的流程，确保投资项目的"绿色性"。首先是对市场情况进行调查，确保项目建设的可行性和合理性，其次是进行项目策划，最后是对项目进行绿色论证，讨论项目对环境的外部影响，并对通过绿色论证的项目实施建设。

③当地居民成立专门的项目评价小组。在 ESG 投资理念下，川西地区文化旅游产业的投资模式发生了改变，公众将在投资决策中发挥作用。通过由当地居民成立项目评价小组的方式，当地居民可以对所要投资项目发表集体意见，同时，对于一些项目建设应用过程中的不当之处表达自己的看法。当地居民在项目投资过程中的参与将监督川西地区文化旅游投资项目遵循 ESG 投资理念，实现高质量发展。

8 全域旅游对当地经济的促进作用分析

旅游业具有耗费资源相对较少、促进经济发展作用较大等特性，自发展之初就对促进我国国民经济起着至关重要的作用。旅游与经济互相依存，旅游业发展可以增加收入、促进就业，旅游业因为自身的特殊性还可以带动其他产业的发展。川西地区近年来紧跟国家和四川省的步伐，各市（州）、县（市、区）积极发展全域旅游，取得显著成效。

8.1 旅游资源开发对当地经济发展的促进效应

旅游业发展对当地经济的促进作用已经得到很多学者的证实（申葆嘉，1996）。对于旅游业经济效应的研究最早可以追溯至 19 世纪末，20 世纪以来国内外学者运用各种理论，从不同的角度对旅游业经济效应进行了研究，很多学者发现旅游资源开发能够增加当地经济收入、促进当地人民就业（Keogh，1985）[46]。陈斐和张清正（2009）从旅游的收入效应、促进就业、调整当地产业结构等方面对江西地区旅游业促进当地经济的发展进行了分析[47]。本书结合已有文献与川西地区旅游业发展实际情况，主要从旅游业的收入效应、就业效应以及产业结构调整三个方面进行介绍，着重分析川西地区旅游业发展在增加当地收入以及调整产业结构方面所起的作用。

第一，收入效应。旅游收入指的是旅游目的地向游客销售商品、服务等取得的收入，旅游收入效应就是指旅游收入增长与国民经济增长之间的关系。旅游收入经过两次分配，旅游收入的乘数效应在国民经济快速崛起中发挥作用（田里，2004）。旅游收入对当地经济的促进作用主要分两个阶段实现，即直接收入效应阶段以及间接收入效应阶段。直接收入效应指的是旅游者会给饭店、餐馆、交通、住宿、旅游景点等旅游企业带来直接的收入。由于旅游企业购买设备和原材料、发放工资、上交税款等，这些旅游收入又会流向其他产业与部门，对国民经济产生连锁作用，实现间接收入效应。

第二，就业效应。旅游业属于综合性行业，一个地区旅游业的发展必然需要一批旅游工作者为之服务。旅游业促进就业的范围非常宽泛，既能够促进旅游业相关人才就业，也能够带动其他行业人才就业。比如旅行社、住宿、餐饮等旅游企业既需要专业旅游人才，也需要一些不限专业的服务型人才。还可根据旅游淡旺季采取针对性措施，吸引当地居民灵活就业，对于有想法有才能的创业者，鼓励其创业或灵活就业。旅游业发展能够带动相关产业发展，也会增加相关产业用人需求，更大范围促进就业。

第三，产业关联效应。旅游业并非独立于其他行业发展，随着全域旅游不断推进，旅游业对旅游目的地的其他产业起到了非常大的促进作用。旅游业发展必然要完善景区建设，能够带动金融、景观设计、园林、建筑等行业发展。旅游目的地要吸引游客游玩，必然涉及与广告媒体等行业合作进行宣传推广。全域旅游还能够促进旅游目的地的农业、畜牧业等行业发展，为当地农产品扩大销售渠道。此外，随着全域旅游构建机制不断完善，保险、通信等行业也获得了新的发展机遇。

8.2 川西地区旅游资源开发对当地经济发展的促进作用

川西地区发展全域旅游是贯彻新发展理念，推动当地旅游业从门票经济向产业经济转变，从粗放低效方式向精细高效方式转变，从封闭的旅游自循环向开放的"旅游＋"转变，从企业单打独享向社会共建共享转变，从景区内部管理向全面依法治理转变，从部门行为向政府统筹推进转变，从单一景点景区建设向综合目的地服务转变，有利于推进乡村旅游提质增效，促进城乡协调；有利于整合地方特色文化与旅游资源，使旅游产业成片、成带聚集性可持续发展，最终促进地方经济的高质量发展。

8.2.1 旅游收入显著增加

阿坝州近年来大力发展全域旅游，把旅游业作为脱贫奔小康和乡村振兴的支柱性产业，旅游收入则成为全州重要收入来源。由图 8-1 可知，阿坝州 2017 年以及 2018 年旅游收入以及旅游人次明显减少，主要是由于地震影响，主要景区关闭休整。2019 年旅游收入开始回升，2020 年在疫情影响下，旅游收入已经接近 2016 年的水平。2021 年全州 A 级景区接待游客人次达 2 127.96 万，实现门票收入 5.21 亿元。[①]

甘孜州主要有包括旅游业在内的六大支柱性产业（能源业、矿产业、现代农牧业、特色文化业、中藏医药业）。由图 8-2 可知，除 2020 年以外，甘孜

---

① 数据来源于阿坝藏族羌族自治州统计局。

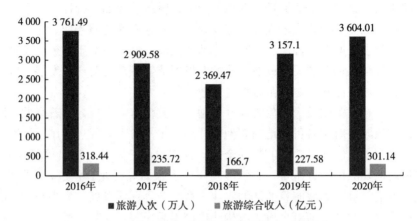

图 8 - 1　2016—2020 年阿坝州旅游人次及旅游收入

数据来源：阿坝藏族羌族自治州统计局。

州近 5 年旅游收入以及接待游客人次都呈现上涨趋势。2020 年虽然存在疫情因素，旅游人次以及旅游收入下滑，但 2021 年就已经恢复，甚至比疫情前还有所上涨，给甘孜州带来大量的旅游收入。

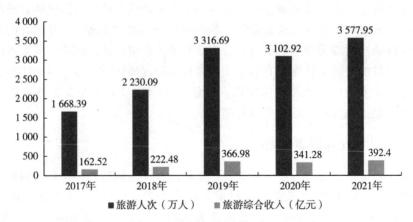

图 8 - 2　2017—2021 年甘孜州旅游人次及旅游收入

数据来源：甘孜藏族自治州统计局。

凉山州是四川省三大少数民族自治州之一，境内民族文化丰富，还拥有泸沽湖、邛海等自然资源，西昌卫星发射基地也令人心驰神往。近年来凉山州大力发展全域旅游，旅游业带动"中国彝乡"加速蜕变。2016 年至 2019 年，凉山州积极发展全域旅游，打造了精品旅游线路，还大力开发乡村旅游，取得了明显的效果。由图 8 - 3 可知凉山州 2019 年前旅游收入以及接待游客数呈上升趋势。2020年由于疫情等因素，旅游收入有所下降。总体来看，凉山州旅游业发展状态良好。

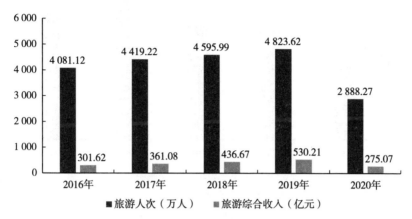

图8-3　2016—2020年凉山州旅游人次及旅游收入
数据来源：凉山彝族自治州统计局。

　　雅安市旅游业的发展过程与川西其他地区发展旅游业的过程有一些不同。雅安市自"三线建设"后很长一段时间内一直以工业作为支柱性产业，但是随着社会经济发展，雅安曾经引以为傲的工业在激烈的市场竞争中落寞。工业失败后雅安政府通过对境内资源文化的梳理，最终决定走旅游发展之路。雅安是大熊猫的故乡，还是茶文化发源地，茶马古道文化也源远流长。经过多年的努力，雅安的旅游业取得了优异的成绩。由图8-4可知2016年到2019年雅安市旅游收入逐年上涨，2020年由于疫情等因素有所下降，但相较于2018年仍有所上升，旅游形式整体向好。[①]

　　绵阳市近年来把成为西部文化强市和旅游强市作为战略目标，并为此做出了很多努力，取得了令人瞩目的成效。由图8-5可以看出，绵阳市2016年至2019年期间游客人次与旅游总收入大幅增长，2019年的旅游收入比2016年的旅游收入增加了近300亿元，游客增加了3 000多万人次。2020年由于疫情等因素旅游收入和游客人数有所下降，但总体来看，旅游业为当地经济发展带来了巨大的能量。

　　川西地区各市（州）积极实施全域旅游战略，取得了很多成效，事实上，川西地区全域旅游最开始就是从县（市）开始试点，立足于当地有一定知名度的景点，统筹全域格局，最终蓬勃发展，成为全域旅游示范点。

---

　　①　数据来源于雅安市统计局。

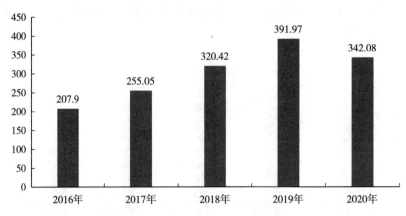

图 8-4 2016—2020 年雅安旅游收入
数据来源：雅安市统计局。

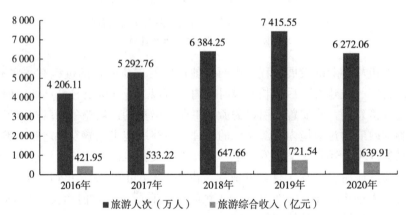

图 8-5 2016—2020 年绵阳旅游人次及旅游收入
数据来源：绵阳市统计局。

九寨沟县是阿坝州优先发展全域旅游的示范县之一，成功入选全国首批"中国旅游强县"。九寨沟景区受"8·8"地震影响极大，2017 年和 2018 年长时间闭园，使得全县旅游业受到严重创伤。随着灾后重建工作的有序推进，2019年九寨沟景区重新开放，旅游收入和旅游人次有所回升，虽然受到疫情影响，还没有回到地震和疫情前的水平，但市场需求以及发展态势向好。2021 年九寨沟全县共接待游客 365.55 万人次（图 8-6），实现旅游收入 57.49 亿元，九寨沟景区全年共接待游客 224.29 万人次，继续引领县域内旅游业的发展①。

——————————

① 数据来源于九寨沟县统计局。

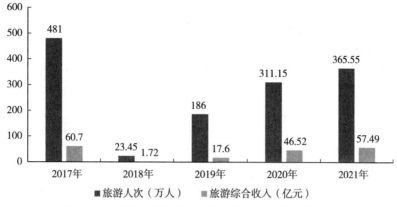

图 8 - 6　2017—2021 年九寨沟县旅游人次及旅游收入

数据来源：九寨沟县统计局。

小金县全域旅游如火如荼。"十三五"期间，四姑娘山 AAAAA 级景区创建有力推进，成功创建两河口会议纪念地 AAAA 级景区，累计接待游客 694.8 万人次、实现旅游总收入 52.02 亿元[1]。若尔盖县文化旅游融合升级，2020 年，若尔盖县深入实施"旅游＋"战略，不断推进文旅融合发展。全年接待国内外游客再创新高，达到 275.8 万人次，旅游总收入达到 19.6 亿元[2]。

泸定县是甘孜州发展全域旅游的典型之一，旅游业是泸定县的支柱产业。境内坐拥的海螺沟冰川森林公园是甘孜州首个国家 AAAAA 级旅游景区，也是全国首个 AAAAA 级冰川旅游景区。据《泸定县 2021 年政府工作报告》显示，2021 年泸定县累计接待游客 1 074 万人次，实现旅游综合收入 115 亿元，分别是前五年的 3 倍、3.9 倍[3]。

8.2.2　旅游业促进相关产业结构调整

旅游业的关联效应可以促进相关产业的结构调整。首先，旅游业可以促进第一产业（农林牧渔等产业）的发展，不仅可以引导第一产业模式的调整，还能增加产物的附加值。其次，旅游业能够带动第二产业的发展，尤其是基础工业的发展。旅游业发展必须依托完善的配套设施，而配套设施的需求能够拉动工业的转型与调整。最后，旅游业能够促进第三产业的发展与完善，能够扩大第三产业的规模，带来更大的经济效益。

---

[1]　数据来源于小金县统计局。

[2]　数据来源于若尔盖县统计局。

[3]　数据来源于泸定县统计局。

阿坝州旅游业发展的初期是依靠第一产业的农业、畜牧业，随着全域旅游的推进，第三产业占比逐年上涨，由表 8-1 可以看出，2017 年阿坝州三次产业结构占比最大的是第二产业，而经过 5 年的发展，第三产业强势引领了阿坝州的经济发展。目前，阿坝州已经成功形成了以旅游业为龙头，现代服务业为支柱的特色经济体系。2017—2021 年阿坝州三次产业增加值见图 8-7。

表 8-1　2017—2021 年阿坝州产业结构

年份	国内生产总值（亿元）	第一产业增加值（亿元）	第二产业增加值（亿元）	第三产业增加值（亿元）	三次产业结构比（％）
2021	449.63	88.3	108.13	253.2	19.6：24.0：56.4
2020	411.75	82.07	96.45	233.23	19.9：23.4：56.7
2019	390.08	67.09	96.24	226.75	17.2：24.7：58.1
2018	306.67	49.55	139.53	117.59	16.2：45.5：38.3
2017	295.16	46.44	141.34	107.38	15.7：47.9：36.4

数据来源：阿坝藏族羌族自治州统计局。

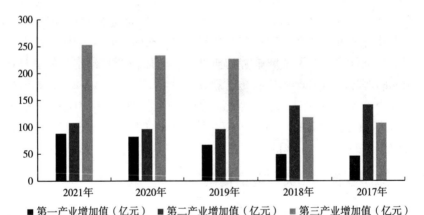

图 8-7　2017—2021 年阿坝州三次产业增加值

数据来源：阿坝藏族羌族自治州统计局。

甘孜州现有六大支柱性产业，旅游业便是其中之一。六大产业间有很多关联，彼此促进。甘孜州目前的旅游业发展还不完善，仍有较大潜力，通过大力发展旅游业，可以带动农牧业以及特色文化业和中藏医药业的发展，进一步促进经济发展。由表 8-2 可以看出，近 5 年来甘孜州带动经济发展的主要是第三产业，三产占比中第三产业的比率始终高于 50％，起主导作用。2017—2021 年甘孜州三次产业增加值见图 8-8。

表 8－2　2017—2021 年甘孜州产业结构

年份	国内生产总值（亿元）	第一产业增加值（亿元）	第二产业增加值（亿元）	第三产业增加值（亿元）	三次产业结构比（％）
2021	447.04	79.36	116.93	250.75	17.75∶26.16∶56.09
2020	410.61	80.68	104.82	224.44	19.65∶25.65∶54.7
2019	388.46	66.52	99.21	222.61	17.1∶22.9∶60
2018	291.2	58.83	87.32	220.34	16.1∶23.8∶60.1
2017	261.5	58.61	75.93	182.77	—

数据来源：甘孜藏族自治州统计局。

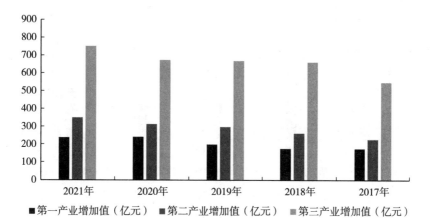

图 8－8　2017—2021 年甘孜州三次产业增加值
数据来源：甘孜藏族自治州统计局。

凉山州有丰富的水资源、矿产资源、农林资源以及民族文化资源等，拥有巨大的发展潜力。由表 8－3 可以看出：2017 年与 2018 年凉山州的三产占比中第二产业和第三产业相当，但是随着旅游业带动第三产业进一步发展，近 3 年来第三产业增加值显著高于第二产业增加值，逐渐形成了以第三产业为主导的经济格局。2017—2021 年凉山州三产增加值见图 8－9。

雅安市在"三线建设"时期及之后的很长一段时间内全力发展工业，工业当之无愧占雅安市的主导地位。随着经济发展，原有的工业体系丧失竞争优势，开始寻找新的主导产业。由表 8－4 可以看出，2017 年和 2018 年的三产占比中第二产业仍然占据主导地位，随着雅安市文旅融合发展不断兴盛，近 3 年来第三产业的增加值远超第二产业的增加值，第三产业已经成为雅安市的主导产业。2017—2021 年雅安市三产增加值见图 8－10。

表 8 - 3 2017—2021 年凉山州产业结构

年份	国内生产总值 （亿元）	第一产业增加值 （亿元）	第二产业增加值 （亿元）	第三产业增加值 （亿元）	三次产业结构比 （%）
2021	1 901.18	431.63	650.9	818.65	22.7：34.2：43.1
2020	1 733.15	406.74	559.55	766.86	23.5：32.3：44.2
2019	1 676.3	367.66	559.79	748.85	21.9：33.4：44.7
2018	1 533.19	307.61	613.13	612.45	20.1：40.0：39.9
2017	1 480.91	296.52	621.88	562.51	20.0：42.0：38.0

数据来源：凉山彝族自治州统计局。

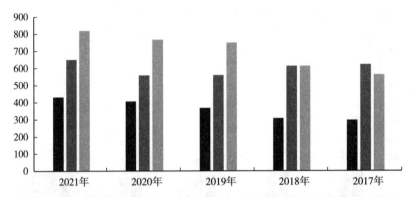

图 8 - 9 2017—2021 年凉山州三次产业增加值

数据来源：凉山彝族自治州统计局。

表 8 - 4 2017—2021 年雅安市产业结构

年份	国内生产总值 （亿元）	第一产业增加值 （亿元）	第二产业增加值 （亿元）	第三产业增加值 （亿元）	三次产业结构比 （%）
2021	840.56	157.9	259.5	423.16	18.8：30.9：50.3
2020	754.59	151.78	225.88	376.93	20.1：29.9：50.0
2019	723.79	128.05	227.2	368.54	17.7：31.4：50.9
2018	646.1	85.83	303	257.27	13.3：46.9：39.8
2017	602.77	80.85	284.64	237.28	13.4：47.2：39.4

数据来源：雅安市统计局。

　　绵阳市旅游业发展虽然起步相对较晚，但在多极点发力、完善旅游配套设施、引入旅游项目、发展旅游品牌、扩大旅游宣传等方面取得了很多的成效。由表 8 - 5 可以看出，近 5 年来绵阳市主要由第二产业和第三产业带动，第三产业起主导作用，旅游业逐渐成为三产增长的主力军。2017—2021 年绵阳市三产增加值见图 8 - 11。

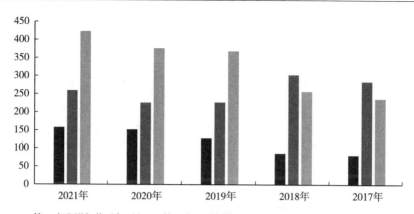

图8-10 2017—2021年雅安市三次产业增加值

数据来源：雅安市统计局。

表8-5 2017—2021年绵阳市产业结构

年份	国内生产总值 （亿元）	第一产业增加值 （亿元）	第二产业增加值 （亿元）	第三产业增加值 （亿元）	三次产业结构比 （％）
2021	3 350.29	377.32	1 352.65	1 620.32	11.3：40.4：48.3
2020	3 010.08	370.95	1 174.36	1 464.77	12.3：39.0：48.7
2019	3 010.08	370.95	1 174.36	1 464.77	12.3：39.0：48.7
2018	2 303.82	301.27	929.4	1 073.15	13.1：40.3：46.6
2017	2 074.75	291.66	838.76	944.33	14.1：40.4：45.5

数据来源：绵阳市统计局。

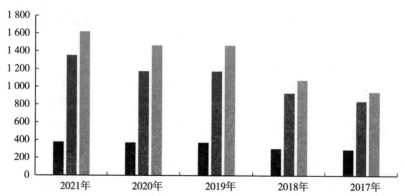

图8-11 2017—2021年绵阳市三次产业增加值

数据来源：绵阳市统计局。

8.3 全域旅游典型案例介绍

海南是全国首个"全域旅游创建示范省",是全域旅游的先行者与探索者,也给全国各省市地区发展全域旅游提供了一个成功范本。海南省在建省初期就提出了"大旅游"战略,这在某种程度上算是全域旅游的萌芽。之后,海南不断完善旅游发展战略与目标,虽然没有明确提出全域旅游的概念,但具备全域旅游的雏形(魏成元和马勇,2017)[48]。

2016 年初,海南成为"全域旅游创建示范省",正式开启探索全域旅游发展之路。海南省将其全域旅游形象地描述为"日月同辉满天星"。"日月同辉"就是开发一批龙头景区、景点、旅游精品,通过龙头吸引游客,进而带动全省旅游业的发展。"满天星"就是在全省范围内培育一批"小镇""乡村"景点,满足游客的各种旅游需求。之后,海南省采取了一系列的举措,以实际行动支持全域旅游发展,促进全域旅游格局形成。海南省的成功经验向所有人证明了发展全域旅游是正确的也是必然的,为全国各地区发展全域旅游提供了参考。

8.3.1 海南经验

作为全域旅游的先行者与探索者,海南省首先在《海南省提升旅游产业发展质量与水平的若干意见》中对构建特色旅游产品体系、完善旅游基础设施、优化旅游发展环境、深化改革开放等方面提出了具体意见。此外,还出台了《海南省创建国家全域旅游示范区工作导则》等指导文件,将全域旅游写在发展规划里,将全域旅游作为一项伟大的战略来执行,为发展全域旅游提供规范化的指导与支持。

(1)旅游业态转型升级

海南省依靠自身旅游资源,对海洋旅游以及婚庆旅游进行了重新定位,打造了一批旅游精品,还开发了康养旅游、乡村旅游、文体旅游等旅游业态,并且对旅游产品进行了深入开发,为游客提供了一系列富有海南特色的旅游产品。

海南地理位置特殊,海洋旅游在当地旅游业占有主导地位,具有一定的游客基础。通过加快推动构建了海棠湾等 18 个精品海湾和亚特兰蒂斯等 3 个滨海旅游综合体建设,在一定程度上能够达到"日月同辉"的作用,通过旅游精品带动周边旅游业的发展。

稳步发展婚庆旅游。海南省婚庆旅游的历史已经很长了,第一届天涯海角婚庆节可以追溯到 1996 年，目前海南的婚庆旅游已经成为当地最具特色的旅游业态之一。目的地婚礼、蜜月旅游、婚纱照旅拍等为海南省带来了大量的游客以及旅游收入，还带动了婚庆摄影等相关产业的发展。

大力发展康养旅游。海南冬季气候比较温暖湿润，非常适宜走康养旅游之路。海南通过积极推进博鳌乐城医疗旅游先行区等康养基地建设，结合"旅游＋""＋旅游"开发了满足游客不同需求的产品，对于长期康养需求的游客，提供康养社区服务，对于短期旅游的游客有"轻养套餐"，甚至大量酒店以及景区都提供了康养产品，康养旅游已经逐渐成为海南省的主要旅游吸引物之一。

大力发展乡村旅游。海南通过发掘乡村的特色文化，打造了一批椰级乡村旅游点。还开发了一批极具吸引力的乡村旅游产品，吸引了很多游客停留购物。数据显示，2018 年海南全省的乡村接待了游客 1 024.64 万人次，实现了乡村旅游收入 32.16 亿元，旅游富民成效显著①。

创新发展文体旅游。海南省举办了非常多的文体活动，包括黎族苗族传统"三月三"节、主题旅游月、民族民俗节庆以及帆船、高尔夫等国际赛事，提供了很多文体旅游产品，吸引文体爱好者前来旅游。

（2）配套基础设施

基于海南特色，对全域旅游资源以及旅游市场进行分析后，海南省提出了全域旅游发展方案，不仅做好了旅游吸引物要素的提炼宣传，还完善了配套设施，做到游客乘兴而来，流连忘返。比如完善交通设施，海南加快改扩建（新建）机场、高速公路等基础交通设施，便捷的交通为全域旅游打牢了基础。海南还新建了旅游公路，将重点景区串联，进一步发展公路旅游。还优化了旅游环境，海南省对旅游环境进行了现代化、特色化的改造，提高了旅游吸引力。同时对旅游服务环境进行了改善，提高了服务质量，让游客游得舒心。同时加强了旅游市场以及相关服务市场的监管，优化了旅游购物环境。

8.3.2　海南全域旅游成效

（1）旅游业融合发展成效

第一，产业融合。海南省充分挖掘各产业与旅游产业的联系，全力推进旅游业与医疗、康养、互联网等行业产业融合发展，强势发挥"旅游＋"的作用，将旅游资源与其他产业资源进行深度融合，形成新的产品，实现旅游业与其他产业相互促进、共同发展的作用。

---

① 数据来源于海南省统计局。

第二，技术融合。海南全域旅游发展过程中充分运用互联网等新兴技术，不仅增强了旅游的舒适度以及便利程度，也夯实了旅游业发展的基础。尤其是旅游业与互联网技术融合打造智慧旅游，通过线上线下相结合的营销方式，扩大了游客的范围，吸引了更多的游客。

第三，企业融合。海南通过发展全域旅游，开辟了经济发展新局面，目前已经吸引了很多企业入驻。比如知名足球俱乐部巴萨的足球夏令营，促进了海南体育旅游的发展。又比如一些知名的医疗企业入驻海南，也加强了海南康养旅游的发展。

（2）旅游收入显著增加

海南省从 2016 年开始发展全域旅游，由图 8 - 12 可以看出，2016—2019年，旅游收入以及旅游人次明显增加，2020 年由于疫情等因素有所下降，但是 2021 年很快恢复，虽然接待旅游人次没有恢复至 2019 年，但是旅游收入远超 2019 年。疫情给旅游业带来了重大的打击，但是海南省在旅游人次减少的情况下旅游收入不减反增，在旅游促进收入方面的各项举措值得各地学习借鉴。不仅做到了吸引游客来旅游，还做到了吸引游客购物消费。

图 8 - 12　2016—2021 年海南省旅游人次及旅游收入

数据来源：海南省统计局。

8.4　川西地区全域旅游存在的不足

近 5 年来，川西各市（州）、县（市、区）紧跟国家和四川省的步伐，积极探索适宜自身的全域旅游之路，取得了初步的成果。旅游收入显著增加，以旅游业为主的第三产业逐渐成为支柱性产业，越来越多的老百姓吃上了"旅游饭"，旅游富民效应已经体现。

虽然川西地区全域旅游发展正欣欣向荣，旅游富民也初见成效，但是仍然还存在一些不足。川西地区资源丰富，开发潜力巨大，很多的资源还没有开发，已经开发了的资源还没有被完全利用，还存在很大的不足，旅游业的优势还没有最大限度发挥出来。总体说来，川西地区目前还存在旅游基础设施与游客需求不匹配、旅游业态开发不足、旅游氛围差、停留时间短、人均消费低等突出问题。

基础设施不匹配。近些年来，川西地区积极发展全域旅游，不断配套旅游基础设施，但是相较于人们日益丰富的旅游需求，目前的基础设施仍然有一些不足。比如娱乐场所、旅游商店和休闲场所还不足，不能满足游客的需求。没有形成完善的"食、住、行、游、购、娱"旅游产业链，这些方面都限制了旅游业的发展。基础设施不能满足游客的需求，不能让游客游得舒心，就很难吸引游客前来旅游，即使吸引游客前来，也很难让游客停留。

旅游业态开发不足，旅游氛围差。川西地区的旅游开发以传统旅游景点为主，休闲度假旅游产品开发不够充分，旅游形式虽在向全域旅游转型，但仍存在不足；假日旅游发展缓慢，阻碍了旅游业整体水平的提高。同时，由于体验式旅游项目和活动参与较少，旅游商品和商业旅游开发不够，旅游氛围不浓厚，娱乐休闲氛围不足，不能满足游客的需求和期望，这样的旅游目的地很难留住游客。

停留时间短，人均消费低。由于旅游资源开发不足，静态游客出游比例较大，尚未形成旅游、购物、娱乐等产业链，导致游客在川西地区停留时间短和游客"无处花钱""留不住人"的尴尬局面。另外，虽然其旅游资源很丰富，但很大程度上并没有被激活和物化，这使得旅游发展水平低下，对游客的吸引力降低。此外，休闲旅游和商业旅游产品开发不足，游客购买的产品不多，导致到川西各市（州）、县（市、区）旅游的游客带来的收入较低，经济优势较差。因此，深度开发满足游客需求的休闲度假产品以及体验式和参与式旅游产品是非常必要的。

宣传力度不够，客源半径短。由于川西地区旅游缺乏积极的外部营销和广告，提到川西地区，大家主要想到九寨沟等几个知名景区，还有多数景区并未被人知晓，对游客的吸引力有限，无法产生可持续的经济效益。同时，旅游营销渠道不完善，尤其是缺乏网络营销，导致旅游业发展滞后，很难克服瓶颈。目前川西地区的游客主要来自成都、重庆及周边县市，客源半径较短，影响了旅游业的长远发展。

9 川西地区全域生态文化旅游建设框架构建

虽然川西地区全域旅游已经初见成效，但是各地区不能满足于现有的效益，要想最大限度发挥好旅游业资源耗费小，带动作用大的优势，还要付出很多努力。《川西北生态示范区"十四五"发展规划》中提到构建高效生态产业体系，加快构建以生态产业为核心的现代产业体系。其中首先提到的就是要促进生态文化旅游融合发展构建全域旅游发展格局。包括统筹整合绿色自然风光、红色长征精神、特色民族文化旅游资源等。

川西地区需要优化全域旅游发展空间格局，完善全域旅游体系，推动旅游业提档升级，加快推动旅游景区业、旅游住宿业、旅游交通服务业、旅游商品与购物服务业、旅游餐饮业、旅游休闲娱乐业等传统旅游业提质升级，推进健康旅游业、体育旅游业、休闲农业与乡村旅游业、森林旅游业等旅游业态创新，完善支撑体系与保障措施。全域旅游建设框架见图9-1。

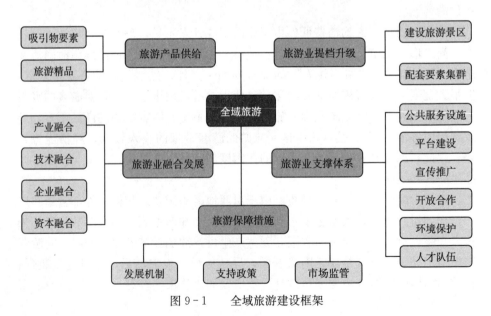

图9-1 全域旅游建设框架

9.1 丰富优质旅游产品供给

9.1.1 完善旅游吸引物要素系统

(1) 资源要素

川西地区拥有良好的旅游资源基础，景区开发相对成熟。然而，满足现代旅游需求的资源不仅限于自然资源和人文资源，还包括相应的特色资源和创意资源。旅游的核心资源是景区，同时，还需要将满足现代旅游需求的城镇、景观走廊和公园的资源等社会资源纳入旅游产品体系，实现景区墙内外竞相发展的泛景区风格。这既是全域旅游对景区的新要求，也是景区未来发展的解决途径。

优化景区周边及外部城乡环境，逐步建设开放型景区，挣脱旅游业过度依赖门票收入的禁锢，逐步实现由门票经济转变为产业经济。综合利用文化、民俗、历史、美食、建筑等物质和非物质资源，深入挖掘川西地区旅游品牌符号价值，实现旅游资源利用效益的最大化，进一步满足居民日益增长和多样化的旅游需求。充分利用目的地的所有资源，为游客提供全过程、全时间、全空间的体验产品，让游客既能欣赏川西地区的美丽风光，又能沉淀民族文化记忆，全面满足游客的全方位需求。

(2) 服务要素

围绕游客多样化的需求，全面提升各级低、中、高端旅游餐饮、住宿接待能力，全面提升旅游公共服务能力，提供更多满足游客的产品，让游客有更多的选择，享受更好的服务，从而有愉快地体验。加快统一旅游信息服务体系的建设和完善，不断提高景区旅游中心的信息咨询服务水平，畅通相关部门的信息咨询和投诉服务渠道，借鉴海南等地经验，构建统一的智慧旅游服务平台，并与去哪儿、黄蜂巢等互联网企业合作开发互联网信息平台。

建立健全自驾旅游配套服务保障体系，通过试点研究逐步完善县域景区之间的旅游便捷交通衔接服务体系。加强旅游安全应急监管和保障，及时做好地质灾害风险调查和旅游安全相关信息发布，提高旅游应急能力。加快建立健全旅游公共信息数据中心，构建覆盖整个区域的旅游信息咨询中心系统，积极融合"互联网＋"技术，加快建设智慧旅游城市、智慧景区、智慧旅游村等智慧旅游目的地，构建全域智慧旅游，大力提高旅游信息化水平。

9.1.2 打造旅游精品

由于旅游业本身具有消耗资源少，带动作用大等优势，近几年从国家到四川省以及各市（州）、县（市、区）都实施旅游发展战略。旅游景区、景点、项目开发如火如荼，形成了很多的旅游品牌，旅游业欣欣向荣。但旅游业发展不能仅追求数量，纷繁复杂的旅游品牌彼此竞争，只有高质量的旅游品牌才能吸引游客，从而带来经济利益。

川西地区旅游资源丰富，主要可以总结为三类旅游资源：绿色生态资源、红色资源以及民族资源。要对现有旅游资源进行整合，加快"十大"文化旅游精品建设，进一步发挥龙头景区辐射带动作用，整合优势特色资源，打造具有地域特色的旅游业态和产品，形成核心品牌带动区域旅游协调发展的新格局。

对于大九寨、大遗址等已经打出名号的文化旅游精品，只需要在此基础上进行提升与完善。坚持保护与利用世界文化与自然遗产，发展非遗特色游、雪山草原生态观光休闲等。对于有一定名气但仍有很大发展空间的大香格里拉、大贡嘎等文化旅游精品，就要对有潜力的项目大力开发，发展高原生态观光、推进山地运动体育旅游。相较于其他已经有一定游客基础的旅游精品，大灌区、大草原文化旅游精品就属于后起之秀，不仅需要开发草原生态休闲、高原湿地旅游观光等品牌，还需要塑造相应的品牌形象，这有利于尽快打出知名度，吸引更多的游客。

整合经典景区与精品项目，串联精品品牌，联动省内各地推出综合型经典旅游线路。以细分客源市场需求为导向，推出古蜀文明、茶马古道、南方丝绸之路、石窟艺术、诗歌文化、白酒文化、历史名人文化、少数民族文化、乡村旅游、水上旅游、工业科技、温泉冰雪、观花观鸟等系列主题特色旅游线路。

9.2 推动旅游业提档升级

9.2.1 建设旅游景区

我国传统旅游业主要是以风景名胜区为基础的"景点旅游"模式。但随着经济的不断发展和人们对精神文化追求的不断提升，中国已经进入了大众旅游和自主旅游的新时代，为了更好地满足游客的需求，以及更好发挥旅游业的带动作用，我国提出了全域旅游发展战略。发展全域旅游并非不重视景区建设，有些情况下还应更加重视景区建设。通过建设精品旅游景区，吸引更多的游客，真正地发展全域旅游。

川西地区仍要加大力度开发与整合旅游资源，建设一批世界级、国家级旅游景区和度假区。充分利用区域内的资源，引入精品旅游项目。对于已经建成的旅游景区，需完善配套设施供给以及加强景区管控。加快建设一批具有自身特色的高品质景区，能引领全域旅游焕发出蓬勃的生命力。

9.2.2 配套要素集群

(1) 住宿业

培育或引入一批精品旅游酒店。完善川西地区全域旅游服务功能，提升游客接待服务能力。同时还能创新"夜宿"经济，使精品酒店与夜游项目相互促进，提高游客的过夜率。

培育一批高品质的"特色主题"酒店。深入挖掘各地特色地域文化，培育和建设一批以民族文化、红色文化等为特色的文化主题饭店。引导和鼓励宾馆饭店向精品旅游饭店转型，提升宾馆饭店的档次和品质。

推进住宿业提档升级。积极引导市（州）、县（市、区）住宿业提档升级，全力促进宾馆、饭店规范化发展。改造提升一批中端商务酒店，使其逐步进入高端酒店行列。对其餐饮、购物、娱乐等设施进行优化升级，加快配套设施的更新升级，开发更多的产品服务，增加酒店的功能，提高酒店的服务水平，使游客住得舒心，住得放心。

培育旅游住宿新业态。面对旅游市场的新需求，在用地、资金投入等方面给予支持，鼓励发展以长租公寓、换房旅游、汽车营地、帐篷酒店、集装箱酒店、森林木屋、森林树屋、露营基地等为代表的流动性、社会性、多样化的新型住宿业态和运营模式。

(2) 餐饮业

在旅游六要素中，"吃"是影响游客获得感、满意度的重要一环，用好了是"名片"，更是"请柬"。培育特色餐饮店和特色美食街区，开发以民族、生态和乡村等为主题的特色餐饮名店，学习塑造"九寨庄园"葡萄酒等特色农产品品牌，宣传牦牛肉、藏香猪、生态羊、富锶鱼、跑山鸡及园区种植的生态蔬菜、食疗中药等旅游产品。

融入文化要素对餐饮店环境进行改造，提升餐饮服务水平，形成一批有规模、有档次、特色鲜明的餐饮店。在九寨沟等地培育一批文化内涵突出、主题特色鲜明、配套设施完善的特色美食街区，加强对美食街区的风貌控制和环境卫生管理，促进街区特色化、规范化发展。

(3) 交通服务业

推进国省干线服务品质和能力提升，配套建设国省干线旅游服务设施。推进藏羌彝文化走廊建设，加快建设 G317/G318 中国最美景观大道、黄河天路国家旅游风景道、"重走长征路"红色旅游廊道。

健全交通服务设施及旅游服务功能。完善飞机场、火车站、汽车站等主要交通客运枢纽的旅游服务功能，更新改造交通枢纽内的旅游资讯服务管理系统、标识导向管理系统等设施。

加强景区与乡村旅游点停车位建设工作，积极在交通干线与旅游景点间新建停车位并开展景区接驳业务。提高旅游交通服务水平。引导开通直行至景区点的观光专线、旅游直通车，并根据市场需求增开特色旅游火车、旅馆汽车和特色旅游专列。扶持运力闲置的旅游班车向旅游包车市场过渡，积极探索对中小型旅游包车车型的准入政策。

完善区内旅游大巴车、旅游网约车、旅游租车、旅游定制客运等专项服务。建立健全交通、旅游等跨部门数据共享机制，促进交通旅游服务大数据应用，为游客提供多样化交通出行、旅游等综合信息服务。围绕旅游风景道建设，加快配套完善星级汽车旅游营地、自驾游驿站和旅游停车场。

提升自驾游服务设施等功能。进一步加强景区与乡村旅游点停车位建设力度，并积极在干线到旅游景点间新建停车位，实现景区接驳业务。川西地区自驾游近几年在小红书等网络平台上非常火爆，已经形成一股潮流。各景区要提高针对自驾游的服务水平，保障自驾游游客的便捷度与舒适度，吸引还在观望的人们来川西自驾游，对于已经游过川西的游客，吸引他们重游川西。

（4）旅游商品与购物服务业

旅游商品是吸引游客的重要因素之一，旅游购物产生的收入是旅游收入的重要来源之一。旅游商品与购物业对当地旅游业的发展具有重大影响。川西地区各景区要积极探索以景区为驱动、以特色旅游产品促销为基础的全域旅游新模式，整合自身资源，开发具有代表性的旅游产品。

农牧基地与农产品开发。畜牧业是高原地区农牧民增收的支柱性产业，应继续重点发展。同时，还要重点发展现代种植业，依托独特的地理环境发展特色水果、种植药材、食用菌、错季蔬菜等，争创一批国家级、省级现代农业园区。推进农牧产品的产地加工，重点开发特色产品，创造生态品牌效应。

促进特色旅游商品开发。大力开发以工艺美术品、风味土特产、旅游纪念品、特色日用品、绿色食品、红色文化商品等为主的具有川西地区传统工艺、民族文化特色的旅游商品。

开拓旅游商品销售渠道。建立旅游商品官方网站、网店、微信、抖音、"微游客中心"等互联网电子商务平台，与商品生产企业合作，形成"产业＋电商"的旅游商品网络销售渠道。

（5）旅行服务业

推动旅行服务业经营模式创新。近年来，随着社会经济与技术的发展，人们的需求更加碎片化、具体化，反映在旅游服务业就是逐渐去旅行社化，旅行社不再占据行业主导地位，涌入了多类型旅行服务商。同时，小红书、美团、抖音等平台对传统旅行社也产生了竞争与分流。以旅行社为主的传统旅行服务业必须创新经营模式，打破商业思维，创新旅行服务模式，拓展旅行服务业务。

依托 OTA 平台数据库加强游客需求分析，立足于游客的真正需求，细分游客市场，推动旅游服务个性化、精细化发展，提供全方位、多样化的旅游服务。同时在线上线下同时发力，实现传统旅游服务行业向网络化业态转变。

推进旅游服务行业专业化运营，激发旅行社发展活力。吸引更多具有竞争优势的旅行社集团入驻川西地区，利用品牌方在其他地区的成功经验壮大川西地区的旅行服务业。推进区域内国旅、青旅、中旅等知名旅行社间协同合作与良性竞争。促进中小旅行社向专业化、特色化发展，专门服务会展、商务等高档旅游市场，形成一批小而精的旅行服务企业。

9.2.3　推进旅游业业态创新

随着全国各地全域旅游的发展，旅游行业竞争加大，尤其随着经济发展以及人民的旅游需求增加，仅靠本地知名旅游品牌很难吸引更多的游客前来游玩。川西各市（州）、县（市、区）要依托川西地区旅游资源优势，开发多种旅游新业态。丰富的旅游业态不仅能吸引更多的游客，不同旅游业态之间融合还能克服以往旅游淡季的劣势。通过开发不同的旅游业态，还可以改变当地的旅游形象，开辟新的旅游发展思路。比如一提到汶川县，大多数人脑海中浮现的是"抗震救灾"，旅游发展的常规思路就是通过抗震救灾传播感恩文化，其实汶川县内还有一个位于卧龙大熊猫自然保护区内的耿达镇，这里空气清新、森林覆盖面广，一年四季美景如画，还拥有最大的大熊猫保护基地。像这种拥有很多旅游资源的地区，可以充分利用自身资源，开发不同的旅游业态，吸引更多的游客前来游玩。

（1）健康旅游

目前"养生"已经不仅是老年人的代名词，越来越多的中年甚至是青年人开始注重养生，尤其是很多上班族存在亚健康问题，经过辛苦的工作，终于有了机会出去旅游，在挑选旅游目的地时，健康旅游就成了大家非常喜欢的一种形式。川西很多地区已经开发了健康旅游，比如雅安的海子山康养基地就第一批入选了"国家森林康养基地"，九寨庄园的中医药康养旅游度假区也入选了2022 年四川省中医药健康旅游示范基地。然而，还有很多地区坐拥健康旅游资源，却并没有将健康旅游业态完全开发和完善。需要依托良好的自然生态以及药材资源积极开发高端医疗、特色专科、中医保健养生、生态康养、温泉养生等系列产品，培育中医药、温泉疗养等健康旅游品牌。制定出台推动健康旅游发展的政策文件和建设标准，积极创建一批国家康养旅游示范基地、国家（省）级中医药健康旅游示范基地、省级森林康养度假区。

（2）体育旅游

依托高原山地资源，积极发展山地户外、水上运动、汽摩运动、运动康养、武术健身养生、民间民族体育运动、大众健身休闲、时尚运动等项目。利用"大草原"旅游品牌，充分开发骑马、滑草等运动休闲游项目。创建一批国家（省）级体育旅游示范基地和精品赛事，推出一批体育旅游精品线路。川西地区少数民族还有一些传统的民族体育运动，比如射箭、摔跤、跳舞等，可以充分挖掘开发这些传统民族体育运动项目，吸引游客了解民族文化以及亲身尝试这些运动。

（3）休闲农业与乡村旅游

打造休闲农业产业带，拓展乡村文化和旅游新空间。打造一批优秀旅游乡村民宿集群，创建一批国家级和省级休闲乡村旅游集聚区。建设一批乡村旅游廊道，推进乡村休闲旅游提质升级。川西很多地区由于地理位置优越，非常适合种植中藏羌药材以及优质瓜果蔬菜等农产品。通过发展休闲农业以及乡村旅游，不仅能够吸引一批对于田园生活有向往的游客，还能促进当地农民增收，切实做到旅游富民。

（4）研学旅游

大力发展满足中小学素质教育的研学旅行基地和线路，大力推进全域、全龄段研学旅游产品开发。打造以红色文化、诗歌、文博、非遗、科技、自然、三国、古蜀、气象等为主题的研学基地、精品线路及优秀课程，形成具有鲜明主题特色和地域特点的研学旅游品牌。推广实施研学实践系列标准，举办研学旅行推进大会、研学指导师大赛。支持川西各地打造境内外重要研学旅游目的地，例如，甘孜州稻城县高海拔天文科学中心创建研学旅行基地。

（5）低空旅游

低空旅游是随着科技发展而衍生出的旅游新业态，由于起降点、通用机场等设施建设落后，人们对于这种新的旅游业态还不够了解等原因，目前发展比较滞后，存在非常大的发展空间。要加快推进"通用航空＋文旅"深度融合，开发低空观光、低空体育运动、娱乐飞行体验、航空主题度假等大众化低空旅游产品，推出一批低空旅游基地和线路。鼓励举办综合性航空运动大会和专项航空运动赛事。加快制定服务质量标准，打造低空旅游品牌。

（6）冰雪旅游

川西的冬季，银装素裹，冰雕玉砌，不仅有贡嘎雪山、四姑娘山等知名的雪山旅游景点。九寨沟、色达等四季旅游景点也值得去赏雪观光。各市（州）、县（市、区）要挖掘自身冰雪旅游的特色，提升观雪、滑雪等传统冰雪旅游产品品质，着力培育融滑雪、登山、徒步、自驾、露营、非遗体验、冰雪文化展示等为一体的现代冰雪旅游产品。打造一批高品质的冰雪主题 A 级旅游景区、旅游度假区，积极创建国家级滑雪旅游度假地，推出一批冰雪旅游精品线路。

（7）旅游演艺

随着全域旅游不断推进，为满足游客丰富的旅游需求，川西各市（州）、县（市、区）要推动专业艺术团体与旅游企业合作，努力打造一批旅游演艺项目，提升旅游演出质量和市场竞争力。通过挖掘当地特色故事，运用不同的演绎形式，将其展示出来，不仅可以吸引更多的游客前来，还可以丰富当地旅游业的文化内涵。通过开发旅游演艺产品，培育旅游演绎品牌，进一步拓展旅游业发展思路，比如支持康定市做响"情歌城"品牌，鼓励在九寨沟、康定、西昌等打造民族地区演艺集群。

9.3 推进旅游业融合发展

9.3.1 推进产业融合

（1）文化产业与旅游业融合

在规划设计中坚持整体与部分有机结合，各市（州）、县（市、区）明确文旅融合发展方略，采取文化产业交叉融合、文化产品嵌入融合、文化品牌渗透等多种模式，打造具有自身特色的文化旅游产业。当前川西地区已经呈现出红色旅游、民族文化体验、康养旅游、艺术演出、体育类文化旅游等多种多样的文旅融合形式，在此基础上应当积极运用现代技术手段、媒介平台，致力于文化产品的创新创造、文化内涵的挖掘宣传，深挖传统文化，让游客感受以藏羌彝民族文化为主的当地生活，从旅游新旧十二要素（吃、住、行、娱、养、学等）出发，强调游客体验与参与，从而实现文旅产业一体化发展。

（2）农牧产业与旅游业融合

以实施乡村振兴战略为抓手，大力推进农牧产业与旅游发展的融合。尤其在甘孜、阿坝等高原地区，基于优质条件与发展基础，进一步推动高原农牧产业与旅游业融合。从政府层面加强农旅深度融合发展规划，将农旅融合纳入乡村发展规划重要部分，大力发展乡村旅游项目。着眼于川西地区高原生态等农牧业发展特点，积极推动农旅融合品牌体系认证建设，打造品牌统一、特色凸显、高附加值的农特产品，培育壮大农旅市场经营主体，鼓励合作社、集体股份制公司、企业入驻等多种开发经营模式，发挥龙头企业带动示范作用，结合旅游营销宣传，继续拓展特色农产品销售渠道，促进农业发展，打造产业基地景区和特色农产品采摘园。特色村寨和特色旅游小镇是发展全域旅游的一个重要途径。以特色小镇、民族村落为突破口，构建全域旅游支点，促进旅游与乡村深度融合，以乡村旅游为载体，促进农业旅游、旅游扶贫相融合，提升全域旅游水平。

(3) 先导产业与旅游业融合

依托川西地区良好的自然生态，推动互联网新技术与旅游业融合，探索布局大数据园区，积极发展集中式大数据中心及云计算中心，打造数字经济高地。推动数字乡村建设，加快建设农业物联网标准化体系，率先在设施农业、高附加值经济作物、中羌藏药材、规模化畜禽养殖中推广普及农业物联网技术。建立健全农业大数据分析系统，提升对生产要素、资源环境、需求供给、成本收益等的综合分析和监测预警水平。

9.3.2 推进技术融合

(1) 加强科技创新体系建设

提升"产学研用"相结合的文化和旅游技术创新体系，完善文化和旅游创新成果绩效评价方法，形成体系完善、相互支撑的科技创新格局。大力培育壮大文化和旅游领域科技型企业群体，推动形成一批具有示范性、引领性的品牌。认定和建设一批四川省文化和旅游厅重点实验室，积极支持在大数据、北斗导航、旅游减灾防灾等方面具备优势技术的文化和旅游企事业单位入驻。推动文化和旅游领域相关研究重点研发投入，鼓励文化和旅游科技创新载体加快突破一批关键核心技术，开展文化和旅游资源保护开发利用、智慧旅游发展、旅游景区沉浸式体验等技术创新及应用示范。

(2) 强化科技成果推广应用

支持文化和旅游重要装备、工艺、系统、平台的研究成果转化推广。推动5G 通信网络、物联网、人工智能、互联网、大数据、云计算、北斗导航、AR/VR、全息投影、无人驾驶、区块链等新技术在艺术创作与呈现、文化遗产保护、文物活化利用、公共服务、旅游产品开发运营等领域的创新应用与示范。支持引进新科技支撑的文化和旅游项目，组织实施一批科技创新重点项目。探索建设科技成果转化库、文化和旅游装备与项目库，积极支持旅游装备发展。推动导航定位、可穿戴设备、电子围栏、遥感卫星等技术和设备在自助旅游、特种旅游、安全应急中的运用。

9.3.3 推进企业融合

依托"四川省文化旅游企业联盟"，以资源整合、技术创新、品牌输出等为途径，培育发展一批核心竞争力强且具有自主知识产权的企业品牌。支持区内龙头企业与上市平台合作通过资本运作方式整合资源。改造和整合川西地区相关文化企业和旅游企业，通过兼并、整合等方式，支持文化和旅游跨业企业做优做强，推动形成一批以文化和旅游为主业、以融合发展为特色、具有较强竞争力的领军企业、骨干企业。

引导中小企业创新发展，推动文化和旅游中小微型企业向专业化、特色化和创新型方向发展，培育旅游电商、旅游规划设计、旅游商品包装设计研发、文化创意设计、艺术创作、影视创作、文化互联网服务等业务"小而精""小而专"的企业。推动全区画廊、非遗产品门店等艺术品经营单位转型发展。鼓励旅行社、旅游景区、星级饭店、旅游民宿等与数字文化企业和互联网旅游企业加强合作，实现优势互补，拓展发展空间。加快旅行社改革创新步伐，推进旅行社加快理念、技术、产品、服务和模式创新，整合形成一批业务多元、实力雄厚的旅行社集团，推动企业经营向现代、集约、多元、高效转变，增强发展动力、经营活力和竞争能力。

9.3.4 推进资本融合

各大金融机构在四川省文化和旅游厅的指导下，针对不同地域、不同企业的特点，已经专门推出了"文旅贷""康养贷""全域旅游贷"等专属产品，对住宿业、餐饮业、乡村旅游以及旅游新业态客户给予优先信贷支持；推出文旅供应链金融，支持企业开展并购融资，促进文旅产业链整合。

各市（州）、县（市、区）应跟随四川省的战略步伐，加大文化和旅游投入，建立公共服务事权财权匹配的财政经费保障机制。在政府债务风险可控前提下，对文化和旅游领域符合条件的专项债券给予积极支持。支持通过政府和社会资本合作（PPP）、贷款贴息等方式，引导各类资金参与投资文化和旅游领域。根据财政事权与支出责任，加强对民营和小微文化企业和旅游企业的财政资金支持。积极探索文化和旅游企业无形资产评估、融资担保、信用评价、保险等金融业务，鼓励保险机构加强文化和旅游产业保险产品创新。

9.4 完善全域旅游支撑体系

9.4.1 完善旅游公共服务设施

推动将旅游基础设施建设和集散体系纳入城市整体规划。将旅游集散中心、游客服务中心、咨询中心纳入城乡公共服务体系，统筹建设观景台、自驾游驿站等旅游服务配套设施。统一建立机场、车站、主要旅游公路的旅游引导标识体系，完善旅游景区、度假区、休闲街区、游客服务中心等标识体系建设。健全节假日旅游出行监测和拥堵防范化解机制，充分利用大数据加强高速公路和主要旅游道路拥堵情况预警分析和信息发布。加大老年人、残障人士便利化旅游设施建设和信息引导、人工帮扶服务力度。推进旅游厕所科学布局、达标建设、提升管理、优化服务，新改建一批旅游厕所，逐步推进旅游交通沿线厕所免费开放。

加强轨道交通建设。推进铁路大通道建设，加快建设都江堰至四姑娘山轨道交通项目，深化研究川主寺至九寨沟轨道交通项目。加快公路互联互通。加快构建内通外联、功能完善的路网体系，建成绵阳至九寨沟、马尔康至久治、泸定至石棉、G4218 线康定过境段高速公路，开工建设新都桥至理塘、汶川至川主寺、G4217 成汶扩容等高速公路，有序推进理塘至巴塘、汶川至川主寺、马尔康至康定等高速公路前期工作。推进 G318 四川段提质改造、G549 线九龙至稻城待贯通路段建设，启动 G248 线白湾至马奈等国省道升级改造，推动普通省道提档升级。

提高交通安全保障能力。进一步加强干线公路、通景公路、通文化和旅游产业园区（基地）道路等交通安全隐患排查，强化安全监管。组织开展安全"消危"行动，在基本消除行政等级公路安全隐患的基础上，推进完善道路安全生命防护工程。持续完善文化和旅游场所的交通安全救援体系，建立安全预警平台，加强监督管理，开通紧急呼叫平台，做好交通设施设备维护工作，建立事故报告制度和预警预报责任制。建设文化和旅游场所的交通紧急救援体系，成立突发事件处理专项组，铺设紧急救援网点，建立突发事件处理和急救中心，建立整体协调机制，构建完善、及时、有效的文化和旅游场所的交通紧急救援体系。

9.4.2 加强平台建设

完善产业专业服务平台。完善产业专业服务平台，鼓励社会资源参与产业服务平台建设与运营，围绕全区文化和旅游产业发展特征和行业特性，积极打造横向覆盖全产业、纵向覆盖全市场个体的公共服务平台网络。充分发挥龙头企业资源优势，主动对接国内外产业优质资源，国家工程（技术）研究中心等平台，重点建设一批艺术品交易平台、文化商贸服务平台、文化创意交流平台、文献资料共享平台、旅游资源信息平台、知识产权保护与交易平台、科技研发平台、创业孵化与成果转化平台等专业服务平台，助推文化和旅游产业高效发展。

完善创新发展孵化平台。文旅产业本身就具有适宜创业和带动就业的优势，通过加大产业扶持政策，鼓励创建一批针对创新创业、孵化投资的服务平台。重点建设一批文旅企业孵化器、众创空间。推动构建产业创新交流平台，帮助企业与企业、企业与高校等研究机构以及企业与金融机构之间形成有效对接，加强产学研用合作。鼓励有条件的州（市、县）建设区域文化和旅游企业综合服务中心，吸引返乡创业人才、文化创意人才、乡村旅游带头人、非物质文化遗产代表性传承人等参与"大众创业、万众创新"。

9.4.3 加强宣传推广

加快推进完善旅游宣传营销联动机制和区域旅游合作机制，加强市（州）范围合作，依托热门品牌资源，积极探索联合营销模式。加强周边区域合作，建立优势互补、市场共享的全域旅游发展联盟。推进主打产品的宣传网络建立与推广，进一步加大旅游推广经费保障，并积极开辟推广途径，创新旅游推广手段，特别是充分发挥网络的媒介营销功能，在进行市场调研的基础上针对目标群体，做好准确定向、有效推广。学习参考海南旅游业"三位一体"的营销方式，即政府负责主体"形象营销"，通过举办推介会宣传品牌、宣传旅游、策划文化旅游等提高川西全域旅游的知名度；媒体负责"内容营销"、宣传精品旅游线路和旅游产品。

（1）提升川西地区文旅品牌影响力

持续对省内以及省外的长三角、珠三角、京津冀等重点客源市场开展宣传促销，大力推广以"天府旅游名县"为龙头的名县、名镇、名村、名宿、名品、名导等系列名牌。持续加大对"十大""四廊"文化和旅游精品、藏羌彝歌舞、非遗等地方文化品牌的宣传推广力度，实施川西地区文化和旅游节庆品牌项目，不断彰显川西地区独具魅力的文化影响力和特色鲜明的旅游吸引力。

（2）加强宣传推广平台建设

整合政府机关、文化和旅游企业、行业协会、科研机构对外宣传推广力量，统筹利用好"报网屏微端"五位一体媒体资源，着力构建"省+市+县""政府+文化和旅游企业+公众+媒体""平台（OTA）+联盟+媒体""文化和旅游+直播+短视频""微博+微信+抖音+直播"等联动传播推广模式。综合利用好节庆、会展等各种平台，联合开展跨区域、跨行业、跨部门、形式多样的宣传推广活动。

9.4.4 扩大开放合作

（1）加强川西地区内部合作

川西地区旅游资源丰富，各市（州）、县（市、区）全域旅游发展如火如茶，都取得了很大的成效。在此基础上，应寻找新的开发潜力，而相邻县市合作正是一个做大做强旅游产业的途径。例如，"建设十大知名文旅精品"的战略部署就体现了相邻地区间的协同合作。"大九寨"就涉及阿坝州九寨沟县、松潘县、若尔盖县、绵阳市平武县等核心区域以及阿坝州汶川县、茂县、理县、黑水县，绵阳市江油、北川县，德阳市绵竹等辐射区域。大贡嘎文旅品牌范围以贡嘎山国家级风景名胜区范围为依据，地理范围涉及甘孜藏族自治州的康定、泸定、道孚、丹巴、九龙、雅江 6 市（县）和雅安的石棉、荥经 2 县。

此外，"十大知名文旅精品"间还可以进行合作。例如串联大九寨与大草原、大遗址、大峨眉、大灌区、大香格里拉等品牌资源，打造"大美四川，藏羌风情"旅游线，"雪山草地，红色长征"旅游线，"世界遗产，传奇四川"旅游线，"熊猫家园，生态天堂"旅游线，"藏羌探秘，康巴圣境"旅游线，"白马藏寨，阴平古道"旅游线等跨区域旅游线路。

（2）加强国内文化和旅游交流合作

发挥巴蜀文化旅游走廊推广联盟实效，共创、做实、叫响、擦亮巴蜀旅游品牌形象。整合举办和提升中国巴蜀国际文化旅游节、西部国际民族艺术节、川剧节、长江三峡国际旅游节、巴蜀合唱节、西部公共文化和旅游服务产品采购大会、成渝"双城记"展演活动，形成"1＋N"系列节会平台体系。深化川陕甘、川渝陕、川甘青、川滇藏、川滇黔渝等西部文化和旅游协同发展，共建秦巴山区、西部革命老区、"大三峡·大巴山"、黄河天路、大香格里拉、乌蒙山区等区域文化和旅游品牌，积极推进川藏公路、大巴山、滇川、川渝等一批国家旅游风景道建设。抓住东西部协作和交流合作机遇，强化国内文化和旅游合作，推进优势资源互补、产业协同创新、合作平台共建、旅游市场共享，加快跨区域文化和旅游大交流、大合作。

（3）推进对外和对港澳台交流合作

提升对外和对港澳台文化交流水平。加强与我国驻外使领馆文化处（领事处）、海外中国文化中心、旅游办事处等合作，推动多层次文化交流。积极参加"一带一路"文化、旅游发展行动和"欢乐春节""部省合作""走读中国""感知中国"等国家级重大对外宣传交流活动，策划组织开展文博、艺术、旅游、研学等各领域交流活动。发挥好国际友城和友好合作关系城市作用，组建国际友城旅游联盟，探索建立常态化、机制化的互访交流合作体系。加强与联合国世界旅游组织、世界旅游业理事会、世界旅游联盟、亚太旅游协会等国际组织合作，举办各类国际交流活动。积极参加国家的港澳台文化和旅游交流重点项目，参与重大主题推广活动，开展演展交流、研学旅游等，传播巴蜀文化。

9.4.5　加强环境保护

深入学习领会习近平总书记生态文明指导思想，坚持"创新、协调、绿色、开放、共享"发展理念，按照生态优先、科学利用的原则，切实加强自然环境和人文生态保护，注重旅游资源保护性开发，将旅游发展与生态文明保护有机结合，探索建立全域旅游与生态文明保护双向优化机制，推动实现人与自然、人与社会和谐发展。

一是积极推动旅游发展方式向精细高效转变，在旅游开发过程中切实做到开发与保护并重，加强对景区、企业等市场经营主体监管，提高生态文化旅游市场准入门槛，规范生态文明建设标准，通过政府良性引导促进旅游市场良性发展，促进生态文化保护传承。

二是加强绿色发展技术创新应用，加大对技术、人才等方面的资金投入，运用现代化科技手段，推动节能减排、环境治理以及生态文化保护。积极探索互联网大数据平台在旅游规划、服务管理、产品研发、景区承载力控制等方面的作用。加强对自然保护区、民俗文化的宣传和传承，加快推进全域旅游统计监测体系创新。

三是完善旅游发展生态补偿机制，增强机体发育能力。进一步建立完善横向生态补偿机制，由经济发达地区向生态保护地区进行补偿，解决生态脆弱地区经济发展与生态保护的矛盾，同时积极争取国家相关政策资金的扶持。

四是加强生态环境保护。实行国土空间管控和最严格的生态环境保护制度，落实"三线一单"生态环境分区管控，强化部门之间的合作，构建文化旅游发展和生态环境保护联防联控机制，将生态环境保护纳入各级文化和旅游发展规划，健全重大政策、重大项目环保论证公众参与机制，严格控制游客数量，强化生态文化对生态行动和生态发展的引领作用，促进文化和旅游可持续发展。

9.4.6　建设人才队伍

依托国家西部旅游人才培训基地以及"四川文旅英才培养计划"，示范带动各市（州）支持培养文化和旅游人才，分级分类构建省、市、县三级"文化和旅游英才库"。建设好文化和旅游部川西培训基地，培养一批专业知识丰富，且适应现代经济发展节奏的人才。

支持现代文化旅游职业教育发展，加大对本地居民的旅游服务教育培训，全面提升观念、技能、素质，将川西地区打造成全国旅游人才实训培养基地。积极引进品牌策划、品牌营销、品牌管理、电子商务等专业技术人才。

加强对行政管理人员、经营管理人员、专业技术人员、一线旅游从业人员的培训，提高旅游从业人员综合素质。加强人才培训教育，实施职业技能提升行动，重点针对旅游住宿业、旅行社、景区从业人员和旅游向导人员开展线下线上培训。组织职业技能比武，举办旅游行业各类技能竞赛。

9.5 完善全域旅游保障措施

9.5.1 健全发展机制

（1）完善综合管理体制

在一定程度上，完善旅游业综合管理体制，可以明确川西旅游业的发展方向，提高川西旅游业的发展质量。只有在科学合理的规划指导下，才能制定出一些符合川西旅游经济可持续发展现状的旅游产品，形成非常独特的旅游产品和管理体系。真正落实川西"以人为本"的旅游业发展要求，构建和谐川西旅游经济，建设资源节约型、环境友好型社会。

建立政府主导，市场为主体的综合管理体制。强化政府行政主体建设，增强政府在顶层设计、总体规划、统筹协调、市场监管、基建服务等方面的作用，积极发挥旅游行业协会组织作用，有效搭建政府、社会、市场等不同主体之间以及各主体与旅游行业之间交流的桥梁和平台，规范旅游市场相关准则，维护旅游市场秩序，引导旅游业健康发展。建立工作考核评估体系，将全域旅游作为各级政府和相关部门的重要发展目标和考评内容，明确各级各方的职责和权利，形成推动全域旅游发展的合力。

根据目前四川省旅游规划设计方案，应注重旅游路线设计、旅游景点规划和重点项目规划。结合当前川西旅游产业规划和景区规划建设，坚持改革开放和"大旅游"经济的发展理念，继续坚持川西开放与招商引资的有机结合。只有这样，才能不断加强川西旅游市场主体的培育，进而协调四川少数民族旅游经济与区域经济的发展，将旅游业发展的主要任务与中心工作结合起来。同时，要特别重视川西民族文化产业基地的旅游开发利用，不断体现当前设计旅游线路的精品和特色。

（2）探索建立资源共享平台与共享机制

加强在全域旅游、农业、交通、商贸、生态环境、应急管理、联防联治、边界纠纷处理以及文化、非遗传承与保护等方面的合作交流。实施品牌共创机制，依托国家及省市宣传营销平台优势，加强对"大九寨""大贡嘎"等区域协作品牌的整体包装、策划和营销，共同制定推出联盟景区景点互惠政策和酒店餐饮等优惠政策，及时发布精品旅游线路和优惠政策。推进建设区域资源共享、品牌共创、客源共推、市场共治、人才共育、基础共建、区域共治的全域旅游新局面。

引导区域旅游公共服务国际化、规范化、差异化、特色化发展。建立健全旅游市场联合执法机制、旅游行业失信联合惩戒机制等旅游执法监管机制，建立以游客满意度为核心的服务质量管理体系，优化旅游市场环境，实现品牌可持续发展。

9.5.2 完善支持政策

坚持树立顶层设计引领，各地加强规划衔接，把川西地区各文旅品牌建设目标任务纳入本级国民经济和社会发展规划、行业部门专项规划，并在国土空间规划中保障文化旅游发展需求。

遵循《世界遗产公约》，鼓励具备条件的市（州）颁布自然生态保护以及文化和旅游资源开发利用等相关地方性法规或规范性文件，严格保护自然生态环境，合理开发利用高品位旅游资源。出台奖补政策，对成功创建 A 级景区、省级、国家级旅游度假区、生态旅游区等单位分级、分类进行奖补措施。

9.5.3 加强市场监管

在现有"1＋3＋N"旅游市场综合执法体系基础上，从上到下统一旅游执法职能机构设置及运行管理，加快完善并出台"1＋3＋N"综合执法相关规定，形成责权明晰、执法有力、执法规范、保障有效的旅游市场综合监管机制。

在具体实施层面加强涉旅部门权责界定，制定旅游市场综合监管责任清单，细化监管措施，落实旅游市场监管责任，解决部门联合执法协调难题，保障旅游市场综合执法监管机制发挥真正的效用。大力提高从业人员专业能力和水平，切实做到持证上岗、亮证执法、公正执法，着力打造专业化、高素质的旅游执法监管队伍。严厉打击市场欺诈、侵犯游客权益等不法行为，打好安全生产、食品安全、旅游环境等整治的硬仗。积极开展全民教育，强化动态监测和督导考评，创新社会监督，净化旅游环境。

在管理方面，可以借鉴其他地方的成功经验，建立旅游公共安全办公室、旅游法院和旅游市场管理处，建立健全旅游部门与主管部门的共同执法机制，在全景点建设中走共建共享之路，让本地居民树立主人翁意识，提高整体素质和服务水平，将该地区的居民从旁观者和圈外人转变为参与者和受益者。

川西地区地域辽阔、资源丰富，生活着多个民族，保留着多种优秀文化，具备发展全域旅游的基础。本书通过理论研究和分析等管理学、系统科学的相关分析方法，对全域生态及文化旅游进行理论分析。结合需求导向法，在全域旅游的视角下，通过数据收集、文献研究和分析归纳，进一步研究了大量相关文献资料，对川西地区全域旅游发展现状进行了分析。近些年来，川西地区各市（州）、县（市、区）大力发展全域旅游，做出了很多努力，也取得了很多的成效。但是相较于海南、浙江等全域旅游的领先地区而言，川西地区的全域旅游还存在一些问题，需要不断改进与完善。

参 考 文 献

[1] 侯兵，杨君，余凤龙．面向高质量发展的文化和旅游深度融合：内涵、动因与机制 [J]．商业经济与管理，2020（10）：86－96．

[2] 汪侠，刘泽华，张洪．游客满意度研究综述与展望 [J]．北京第二外国语学院学报，2010，32（01）：22－29．

[3] Bowen，D．Antecedents of consumer satisfaction and dis-satisfaction（CS/D）on long-haul inclusive tours—a reality check on theoretical considerations participant observation [J]．Tourism Management，2001，22（1）：49－61．

[4] Boscue，I．R．，Martin，H．S．，Collado，J．The role of expectations in the consumer satisfaction formation process：Empirical evidence in the travel agency sector [J]．Tourism Management，2006，27（3）：410－419．

[5] 汪侠，梅虎．旅游地游客满意度：模型及实证研究 [J]．北京第二外国语学院学报，2006（07）：1－6．

[6] 刘福承，刘爱利，刘敏．游客满意度的内涵、测评及形成机理——国外相关研究综述 [J]．地域研究与开发，2007，36（05）：97－103．

[7] Yoo，Y．，Uysal，M．An examination of the effects of motivation and satisfaction on destination loyalty：a structural model [J]．Tourism Management，2005，26（1）：45－56．

[8] 周杨，何军红，荣浩．我国乡村旅游中的游客满意度评估及影响因素分析 [J]．经济管理，2016，38（07）：156－166．

[9] 戴其文，陈泽宇，魏义汝，等．复合型乡村旅游地的游客满意度影响因素分析——以桂林鲁家村为例 [J]．湖南师范大学自然科学学报，2022，45（03）：33－40．

[10] Woodruff，R．B．Marketing in the 21st century customer value：The next source for competitive advantage [J]．Journal of the Academy of Marketing Science，1997，25：256．

[11] Lee，C．K．，Lee，Y．K．，Lee，B．K．Korea's destination image formed by the 2002 World Cup．Annals of Tourism Research [J]．2005，32（4）：839－858．

[12] 黄颖华，黄福才．旅游者感知价值模型、测度与实证研究 [J]．旅游学刊，2007（08）：42－47．

[13] 连漪，汪侠．旅游地顾客满意度测评指标体系的研究及应用 [J]．旅游学刊，2004（05）：9－13．

[14] Chen，C．，Chen，F．S．Experience quality，perceived value，satisfaction and behavioral intentions for heritage tourists [J]．Tourism Management，2010，31：29－35．

[15] 卜显红. 旅游目的地形象、质量、满意度及其购后行为相互关系研究 [J]. 华东经济管理, 2005 (01): 84 - 88.

[16] 何琼峰. 中国国内游客满意度的内在机理和时空特征 [J]. 旅游学刊, 2011, 26 (09): 45 - 52.

[17] Song, H., Veen, R., Li, G., & Chen, J. L. The hong kong tourist satisfaction index [J]. Annals of Tourism Research, 2012, 39: 459 - 479.

[18] 田坤跃. 基于 Fuzzy-IPA 的景区游客满意度影响因素的实证研究 [J]. 旅游学刊, 2010, 25 (05): 61 - 65.

[19] Pizam, A., Neumanny, Y., Reichela, A. Dimensions of tourist satisfaction with a destination area [J]. Annals of Tourism Research, 1978, 5: 314 - 322.

[20] 董观志, 杨凤影. 旅游景区游客满意度测评体系研究 [J]. 旅游学刊, 2005, (01): 27 - 30.

[21] 李瑛. 旅游目的地游客满意度及影响因子分析——以西安地区国内市场为例 [J]. 旅游学刊, 2008 (04): 43 - 48.

[22] 王凯, 唐承财, 刘家明. 文化创意型旅游地游客满意度指数测评模型——以北京 798 艺术区为例 [J]. 旅游学刊, 2011, 26 (09): 36 - 44.

[23] Moital M, Dias N, Machado D. A Cross National Study of Golf Tourists' Satisfaction [J]. Journal of Destination Marketing & Management, 2013, 2 (1): 39 - 45.

[24] 周彬, 陈园园, 虞虎, 等. 传统古村落研学旅行游客满意度影响因素研究——以西递、宏村为例 [J]. 地理科学进展, 2022, 41 (05): 854 - 866.

[25] Dong-Jin Lee, Stefan Kruger, Mee-Jin Whang, Muzaffer Uysal, M. Joseph Sirgy. Validating a customer well-being index related to natural wildlife tourism [J]. Tourism Management, 2014, 45: 171 - 180.

[26] Ralf Buckley, Kristen McDonald, Lian Duan, Lin Sun, Lan Xue Chen. Chinese model for mass adventure tourism [J]. Tourism Management, 2014, 4 (10): 5 - 13.

[27] Khuong Ngoc Mai, Huyen Thanh Pham, Khai Nguyen Tran Nguyen, Phuong Minh Thi Nguyen, Ngoc Thoai Nguyen. The international tourists' destination satisfaction and developmental policy suggestions for Ho Chi Minh City, Vietnam [J]. Journal of Policy Research in Tourism, Leisure and Events, 2019, 11 (2): 311 - 332.

[28] 卢松, 吴霞. 古村落旅游地写生游客满意度评价——以黟县宏村为例 [J]. 地理研究, 2017, 36 (08): 1570 - 1582.

[29] 廉同辉, 余菜花, 包先建, 等. 基于模糊综合评价的主题公园游客满意度研究——以芜湖方特欢乐世界为例 [J]. 资源科学, 2012, 34 (05): 973 - 980.

[30] 曹霞, 丁蕾. 江苏区域旅游游客满意度评价研究 [J]. 河南科学, 2007 (01): 161 - 164.

[31] 张宏梅, 陆林. 主客交往偏好对目的地形象和游客满意度的影响——以广西阳朔为例 [J]. 地理研究, 2010, 29 (06): 1129 - 1140.

[32] 朱晓柯，杨学磊，薛亚硕，等. 冰雪旅游游客满意度感知及提升策略研究——以哈尔滨市冰雪旅游为例 [J]. 干旱区资源与环境，2018，32 (04)：189 - 195.

[33] 许英达. IPA 分析法下东北冰雪旅游资源游客满意度改善研究 [J]. 中国市场，2020 (06)：23 - 24.

[34] 段冰. 基于结构方程 SEM 模型的特色旅游满意度测评 [J]. 统计与决策，2015 (12)：104 - 106.

[35] 李欣，钟阳，魏海林，等. 景区智慧旅游平台研究及初步构建 [J]. 科技风，2018 (18)：120 - 124.

[36] 吴雪飞. 全域旅游背景下的产业融合发展 [N]. 中国旅游报，2017 (05).

[37] 聂涛. 四川民族地区体育旅游现状及发展模式探析 [J]. 广州体育学院学报，2019，39 (05)：80 - 83.

[38] 滕志杰，胡卫伟. 全域旅游背景下乡村旅游的景观打造模式研究 [J]. 农村经济与科技，2017，28 (09)：80 - 83.

[39] 第一财经研究院.《2022 中国 ESG 投资报告——方兴之时，行而不辍》. 2022. https://baijiahao. baidu. com/s?id=17444040008925620128wfr=spider&for=pc.

[40] 李耀强. 公司治理能力是企业实现高质量发展的内在动力 [EB/OL]. 2022. http://finance. sina. com. cn/hy/hyjz/2022-04-16/doc-imcwipii4644148. shtml?finpagefr=p_115.

[41] 王茂春. 特色文化资源与高新技术融合的路径探索 [J]. 中华文化论坛，2015 (06)：128 - 133.

[42] 喇明英. 川西高原民族地区文化与旅游融合发展的战略与路径探讨 [J]. 西南民族大学学报（人文社会科学版），2011，32 (08)：137 - 140.

[43] 刘忠俊. 总投资 25 亿元华电雅江红星 I 标 500MW 光伏项目开工 [N]. 甘孜日报，2022.

[44] 包兴安. 中财大绿色金融国际研究院发布新版 ESG 数据库及相关产品成果 [N]. 证券日报，2020.

[45] 张小溪，马宗明. 双碳目标下 ESG 与上市公司高质量发展——基于 ESG "101" 框架的实证分析 [J]. 北京工业大学学报（社会科学版），2022，22 (05)：101 - 122.

[46] Keogh B. Social Impacts of Outdoor Recreation in Canada [M]. Toronto：John Wiley Press，1985.

[47] 陈斐，张清正. 地区旅游业发展的经济效应分析——以江西省为例 [J]. 经济地理，2009，29 (09)：1564 - 1568，1579.

[48] 魏成元，马勇. 全域旅游实践探索与理论创新 [M]. 北京. 中国旅游出版社，2017.

附　　录

1　《文化和旅游部关于公布首批国家全域旅游示范区名单的通知》

各省、自治区、直辖市文化和旅游厅（局），新疆生产建设兵团文化体育广电和旅游局：

为贯彻落实《"十三五"旅游业发展规划》《国务院办公厅关于促进全域旅游发展的指导意见》关于创建国家全域旅游示范区的有关要求，依据《国家全域旅游示范区验收、认定和管理实施办法（试行）》《国家全域旅游示范区验收标准（试行）》，文化和旅游部开展了首批国家全域旅游示范区验收认定工作。在各地初审验收的基础上，综合会议评审、现场检查结果，并经公示，文化和旅游部决定将北京市延庆区等71家单位认定为国家全域旅游示范区（以下简称示范区）。

被认定为示范区的单位要按照高质量发展要求，不断深化改革，加快创新驱动，持续推进全域旅游向纵深发展。文化和旅游部将实施"有进有出"的管理机制，适时开展示范区复核工作。省级文化和旅游行政部门要做好辖区内示范区的日常检查并参与复核工作。

特此通知。

文化和旅游部

2019 年 9 月 20 日

2　《四川省体育局对省政协十二届三次会议第 0438 号提案答复的函》

王剑委员：

您提出的《关于鼓励社会资本投资体育行业，进一步促进产业发展的提案》（第 0438 号）收悉。现答复如下：

一、在"进一步落实中央政策，深化改革与完善创新，全面推进体育产业发展"方面

2019 年，国务院连续发布了《体育强国建设纲要》（国办发〔2019

40号）和《关于促进体育消费推动体育产业高质量发展的意见》（国办发〔2019〕43号），这是促进体育事业发展的重要文件。省体育局组建课题组对我省体育产业发展进行专题研究，突出规划引领，认真谋划全省体育产业未来发展的重点方向、发展目标、产业布局和配套政策，形成"1＋5"政策体系，即1项规划5项配套政策。目前，《四川省体育产业发展总体规划（2019—2023年）》《关于加快发展体育竞赛表演产业的实施意见》《四川省体育综合体等级管理办法（试行）》《四川省体育综合体等级划分与评定标准》《四川省体育产业示范基地（单位、项目）管理办法（试行）》等6个文件已印发实施。特别是今年7月28日省政府办公厅印发的《关于促进全民健身和体育消费推动体育产业高质量发展的实施意见》（以下简称《实施意见》），首次确定体育协会在今年底全面脱钩，定期发布四川省体育赛事计划目录、统计调查数据等具体举措；首次明确体育企业通过质押商业赛事举办权等方式申请贷款、体育企业可发行社会领域产业专项债券、体育产业领军人才和专业团队纳入"天府英才工程"等系列政策保障，将体育产业全面发展放在了更加重要的位置。

下一步，我局将严格按照中央和省委、省政府相关文件精神，积极会同相关厅局提出具体措施办法，全力推动我省体育产业高质量发展，完成2035年体育产业规模达到10 000亿元的目标。

二、在"集合各地优势与特点，坚持以四川特色为发展之路，逐步打造体育装备制造、大型体育赛事、自主体育品牌等四川自主IP"方面

2019年，我局联合省田协、四川省体育产业集团等社会力量，研究推出了全国首创的省级路跑品牌——"跑遍四川"马拉松系列赛事，通过与21个市（州）联动，将全省最优质旅游资源通过体育赛事联合输出。去年12月，启动首场赛事以来，已完成6场分站赛，该项赛事已成为城市形象宣传、旅游线路推介、提升旅游体验最有效的方式，受到地方政府及广大跑友的一致好评。今年，我局还将策划推出"骑遍四川""游遍四川""舞遍四川"等系列赛事，打造自主商业赛事品牌集群，增强全国影响力。

体育装备制造一直以来都是我省体育产业发展中的短板。去年8月以来，省体育局组团先后到福建、江苏、广东、山东等13个省（市）进行招商活动，与匹克、安踏、万德等20余家全国知名体育制造企业进行招商座谈；前往市（州）进行体育制造业专题调研，指导鼓励市（州）出台切实可行的招商引资优惠政策，并参与招商全过程。目前，眉山生态体育智造工业园、大邑文体智能装备产业功能区、绵阳三台西部运动鞋服产业园等

体育制造园区正在稳步推进，鸿星尔克、匹克等多家全国知名体育制造企业已进驻四川省。四川体育产业集团与匹克集团组建合资公司入驻雅安体育产业制造加工园，其生产的"四川制造"服装品牌——"雄冠"已经上市销售，补齐了我省体育自主品牌缺失这一短板。下一步，我局将继续加大对四川体育赛事、体育制造等本土品牌的扶持力度，力争打造成为全国知名的自主 IP。

三、在"联合多方力量，加大体育基础设施投入强度与对外公共开放力度，进一步引领及加强全民健身运动"方面

我局一直以来将加强体育基础设施建设作为重点任务来抓，仅今年上半年即投入中央、省级资金 1.04 亿元用于全省 9 254 个村级农民体育健身设施建设，3 888 个项目已提前完成器材招标，467 个项目提前竣工验收；投入中央、省级资金 3 250 万元，支持建设乡镇健身中心、城市社区健身中心、城市体育公园等项目 45 个，彝家新寨建设项目 100 个；186 个公共体育场馆向社会免费低收费开放，服务群众 888.5 万人次。

同时，我局坚持"动员千亿各类资本、打造万亿体育产业"发展理念，把社会资本参与投资建设体育基础设施作为提升全省人均体育场地面积的重要措施，在《实施意见》中已经明确"鼓励社会资本参与投资建设体育基础设施并依法按约享受相应权益""政府投资新建体育场馆应委托第三方企业运营，不宜单独设立事业单位管理"等具体措施，这些都是保护和支持社会资本参与投资建设体育基础设施的政策支撑。

下一步，我局将积极会同发改、自然资源、住建等部门出台具体政策，鼓励社会资本参与投资建设并依法按约享受相应权益，保障体育基础设施的投资收益，进一步加大体育场馆对公众免开低开力度，不断满足广大人民群众的健身运动需求。

四、在"增强四川体育品牌宣传与市场聚合效应，进一步支持省内体育企业健康发展"方面

为进一步整合体育产业资源，增强体育行业凝聚力和向心力，2019 年由体育局发起组建了四川省体育产业联合会，现有会员企业 280 个，并在维护会员企业的合法利益、协调企业关系、发挥行业优势、搭建政企沟通平台等方面起到了重要作用。下一步，我们将充分发挥体育产业联合会作用，力争发展会员单位 1 000 家，聚合体育企业力量，促进体育企业抱团发展，在打造职业联赛和商业性体育赛事上下功夫，筹划办好川渝体育产业发展大会，为四川体育品牌搭建展示平台。

五、在"建立和完善行业培育长效机制，落实产业优惠政策，加大头部企业扶持力度"方面

《实施意见》明确"体育企业符合现行政策规定条件的，可享受研究开发费用税前加计扣除、小微企业财税优惠等政策。体育场馆自用的房产和土地，可按规定享受有关房产税和城镇土地使用税优惠。鼓励通过谈判协商、参与市场化交易等方式，确定体育场馆及健身休闲设施使用水电气热的价格。"对体育行业税费减免提供了政策依据。

为有效解决中小微体育企业融资难问题，我局会同中国银行等金融机构创新研发了"体育贷""供应链金融"等金融产品，有8家体育中小企业启动贷款工作，其中四川科瑞恒体育设施工程有限公司、四川德瑞克体育文化传播股份有限公司已实现放款。同时，我局已评选出一批体育产业示范基地（单位、项目），对于评审成为示范单位的体育企业，还将给予一定政策支持。

下一步，我局将会同有关部门全力推动《实施意见》中对体育企业支持政策的落地见效，加大与金融、价格、市场监管等部门的沟通对接力度，力争出台更多支持体育产业发展的优惠政策，完善体育产业培育长效机制。

衷心感谢您对四川体育事业的关心和支持，诚挚希望您今后一如既往地给予支持和帮助。

此函

四川省体育局
2020 年 10 月 30 日

3 《四川省"十四五"文化和旅游科技创新规划》

为贯彻落实《四川省国民经济和社会发展第十四个五年规划和 2035 年远景目标纲要》《"十四五"文化和旅游发展规划》《四川省"十四五"文化和旅游发展规划》《"十四五"文化和旅游科技创新规划》，围绕建设文化强省和旅游强省，进一步发挥科技创新的引擎和支撑作用，推动我省文化事业、文化产业和旅游业发展迈上新台阶，编制本规划。

一、指导思想

全面贯彻党的基本理论、基本路线、基本方略，立足新发展阶段，贯彻新发展理念，构建新发展格局，以满足人民对美好文旅生活的需求为目

标，以促进文旅高质量发展为主题，以深化现代科技在文化和旅游领域的应用为主线，坚持科技赋能、智力支撑、创新驱动，促进文旅产业质量变革、效率变革、动力变革，提升巴蜀文化影响力、四川旅游吸引力、文化旅游供给力、文旅产业竞争力，为加快建设文化强省、旅游强省和世界重要旅游目的地作出重要贡献。

二、基本原则

（一）坚持以人民为中心

将科技创新作为满足人民对美好文旅生活需求的重要手段，不断增强人民群众对优质公共服务和优秀文旅产品的获得感和满足感。

（二）坚持服务大局

围绕中央及省委的中心工作，结合成渝地区双城经济圈国家战略，服务国家科教兴国、标准化与知识产权等发展战略，服务网络强省、数字四川、智慧社会建设。

（三）坚持协同发展

突出科技创新对文旅行业内部各业务板块发展的协同赋能，坚持与科技、经信、发改、教育、市场等部门的协同合作，加强文旅部门与高校、院所、企业的协同创新，统筹各方资源，筑牢我省文旅科技创新的基石。

（四）坚持创新驱动

以科技创新催生新发展动能，突出创新对文旅各领域以及科教工作自身的关键作用，推进机制创新、模式创新和业态创新，将创新作为推动我省文化和旅游不断发展的主要动力和新兴优势。

三、发展目标

以科技创新赋能文化和旅游发展，加快建设世界重要旅游目的地和文化旅游强省。

（一）科技成果更加丰富

充分调动高等院校、科研院所、高新企业等各类主体在文旅领域开展相关研究的积极性，鼓励和引导与四川文旅发展战略密切相关的基础理论、新型装备、数字技术等领域的科研和技术创新，确立有四川特色的文旅科研优势领域，形成一批有开创性和领先性的典型研究成果。

（二）成果转化更加有效

加强科研创新成果的应用转化，促进科研创新成果与应用主体的对接融合，提升科技创新成果在文化艺术传播、文物发掘保护、文化公共服务增效、文化和旅游产业竞争力提升等领域的应用转化效率。

（三）标准体系基本健全

需求引领、政府引导、市场驱动、多方参与、开放融合、特色鲜明的标准化工作格局初步确立，工作机制运行顺畅；结构合理、重点突出、协同互促，适应四川文旅高质量发展需要的标准体系基本健全。

（四）信息化建设极大发展

着力推进数字文旅新基建，充分发挥"智游天府"平台优势，推动文旅产业数字化进程。大力培育数字文旅创新型企业和数字文旅新业态，增强全省数字文旅科技创新发展动力，做强做大四川数字文旅产业。

（五）知识产权保护和利用更加有效

加强宣传指导，提升全行业知识产权保护和利用意识，积极探索与我省文旅领域相关的知识产权警示机制，突出重点领域的知识产权保护工作。以市场为导向，对文旅品牌体系进行有效开发利用，不断提升巴蜀文化影响力。

四、完善文旅科技创新体系

（一）文旅科技创新载体建设

以文化和科技融合示范基地作为全省文化和旅游科技创新和产业发展的核心载体，引导科技创新要素集聚。完善"政产学研用"的文化和旅游技术创新体系，形成体系完善、相互支撑的科技创新格局。做好文化和旅游部国家旅游科技示范园区、国家科技创新基地的推荐，建设一批省级园区和基地。制定科技旅游园区和国家科技创新基地管理办法，推动园区和基地之间的交流与协作，形成文旅深度融合、科技发展突出、创新应用成果显著的良好局面。

（二）文旅重点实验室建设

依托和协同省内文旅相关专业高等院校、科研院所、科技优势型企事业单位加强文旅重点实验室建设工作，形成文旅重点实验室建设机制。依托优势技术，面向行业应用，瞄准发展重点领域、新兴领域、特色领域及交叉领域培育一批省级重点实验室，筹建和申报国家重点实验室。制定文旅重点实验室管理办法，形成有进有出的动态管理机制。

（三）文旅智库建设

统筹全省文旅各领域专家库信息，积极对接省内其他部门专家库，依托高等院校、科研院所、企业等建立领域广泛、特色鲜明、定位清晰、规模适宜的文旅行业智库；推动智库专家跨地区、跨平台、跨领域交流合作，为全省文化和旅游领域创新发展提供决策参考和智力支持。筹建文化和旅游决策咨询委员会，为文旅发展重大问题、重大战略、重大政策提供决策咨询。

（四）文旅科技型龙头企业培育

支持创新型文化和旅游领域科技型企业和高新技术企业发展，培育一批具有国际竞争力的文化和旅游科技创新企业，鼓励一批"专精特新"文旅科技型中小企业，扶持重点行业相关企业成长为具有国际竞争力的"小巨人"企业。支持科技咨询、技术评估、创业孵化、技术转移等文旅产业创新服务机构的发展。

专栏1

争创国家旅游科技示范园区试点1家，认定省级旅游科技示范园区10家。争创文化和旅游部重点实验室1家，认定省级文化和旅游重点实验室30家。争创文化和旅游部技术创新中心1家，认定省级文化和旅游技术创新中心5家。建设和完善行业智库体系，争取创建1个文化和旅游行业智库建设试点单位，推出一批高质量智库研究成果。扶植和培育1个具有国际竞争力的文化和旅游科技创新企业。

五、强化文化和旅游科技研发和成果转化

（一）文化和旅游理论研究

围绕四川文化和旅游主要理论前沿课题、重点发展战略规划和重大行业需求，深入开展人文艺术学、公共管理、文化产业、旅游经济、文旅融合等研究。聚焦巴蜀文化、三国文化、川渝传统戏剧曲艺及现代展示方式、非遗传承保护、山地旅游、藏羌彝民族旅游等领域开展研究。针对文化和旅游行业重大科技问题，开展旅游数字化和信息化前沿技术、共性关键技术等研究。

（二）文化和旅游技术研究

增加科技成果的有效供给，满足文化和旅游行业科技需求。在山地旅游、自贡彩灯、数字文博、旅游设备、旅游安全、景区地质灾害防治等领域加强研发，推动人机交互、数字孪生、北斗导航等技术在文化和旅游领域的创新应用和典型应用。支持文化艺术内涵挖掘与理论及技术研究、传统文化资源与材料工艺的复原复现和文化公园保护监测、面向大众旅游服务创新的关键技术等创新研发。加强云计算、大数据、物联网、5G、人工智能、区块链等技术理论研究成果在文旅产业链中的应用转化。

（三）文化和旅游装备研究

加强指导建立文旅新技术、新装备、新项目目录；支持自驾车（旅居车）、低空飞行、游艺游乐装置、适老化设施、移动式旅游厕所等装备设施研制。推进 AR/VR 增强现实、超高清视频等文化和旅游产品装备关键技术研发。推动适用于山地旅游、冰雪旅游专用装备及高海拔地区的特殊旅游装备研究。加强低能耗、高安全、智能化的旅游交通装备研制和非接触式服务智能装备研发。推动文化和旅游创意产品开发与现代科技融合发展。

（四）科技成果转化应用

支持文化和旅游重要装备、工艺、系统、平台的研究成果转化推广，进一步提升北斗卫星导航在文旅行业的应用；推动文旅科技成果集成转化、多维应用；积极组织科技和信息化装备成果参加科博会、文旅发展大会、景区大会等各类科技文化旅游的相关展会，加强各种场景应用的推荐；促进校地企融通创新，创新文旅科研转化机制，构建涵盖技术平台、成果转化、创新孵化、科技金融等全链条的创新服务支撑体系；将文旅科研资金作为专项资金，逐年增大各级文旅科研的经费支持；构建政产学研用合作平台，支持文旅科技头部企业联合科研机构、高等院校、行业协会等建立产学研创新联合体，共同实施技术攻关项目。

专栏 2

提升国家社科基金艺术学项目、文旅部部级社科研究项目、文旅部及科技厅等科研项目立项数量，力争每年保持 5 个以上；每年组织开展 1 次文化和旅游装备与信息化等领域典型案例征集和发布，进行经验交流、宣传报道和技术推广；加强与省科技厅、省社科联等单位协作，争取设立文化和旅游科技专项（项目）。

六、推进文化和旅游信息化

（一）深化数字文旅行业治理

推进全省文旅系统数字化改革，以"好用实用管用"为目标，建设智慧协同的政务管理体系，推进与国家政务一体化服务平台和省级政务一体化服务平台的互联互通，实现"一网办通"。实现旅游景区、文博场馆身份证、健康码、门票"三码合一"便捷入园。建成覆盖全面、功能完善、方便快捷的"智游天府"全省文化和旅游公共服务平台，实现公共服务"一键通"、投诉监管"无盲区"、宣传推广"快精准"。打造行业信用评价、景区服务评价、游客不文明行为晾晒、游客投诉举报等政务服务系统。

（二）建立全方位的产业运行监测体系

以"智游天府"平台为依托，推进市、县、文旅企事业单位的应用对接、功能拓展和数据共享，推进与公安、气象、交通、森林、应急等部门的数据交换和工作协同，提升实时监测、应急调度和分析决策能力。依托各地政务云统筹规划建设省—市（州）—县（区、市）"多级一体"的文旅大数据中心，推动文旅企事业单位"上云用数赋智"，基本实现以大数据为导向的分析决策机制。加快建设旅游景区、文博场馆门票和服务预约系统，全面推进实名制购票系统落地。整合网上审批、诚信管理、综合执法等系统，建立市场主体信用分级分类监管体系。提高文旅产业监管技术和手段，建立全方位、多层次、立体化监管体系。

（三）优化数字文旅公共服务

加快文旅场馆数字化转型升级，逐步实现全省旅游景区、文博场馆管理数字化及产业资源数字化，建立数字文旅资源库。打造一批智慧旅游城市、智慧景区、智慧文博场馆标杆项目。加快全省A级景区、博物馆文物、非物质文化遗产、图书馆、文化馆等资源的数字化转化进程。建设全省文旅宣传推广平台，构建全方位、多层次、立体化的省级文旅宣传推广媒体矩阵。搭建四川公共文化云服务平台，建设线上"公共文化服务超市"，推进"智游天府"公众端市场化运营。

（四）健全网络安全保障能力

建立健全文化和旅游系统的网络综合治理安全体制机制，完善网络信息安全办公室运行机制，统筹系统内网络建设和安全维护，建立网络意识形态和安全应急管理机制。建立文旅大数据风险识别数据模型，构建文化和旅游安全预警和可追溯管控系统，提升文化和旅游集聚人群安全监控、智能疏导、应急救援、事故反演和模拟仿真能力，加强客流、车流、信息流等方面的管理。强化数据安全，提高数据规范性和安全性，加强个人隐私保护。

专栏 3

每年创建智慧旅游城市5个，创建35家智慧景区、智慧公共文化场馆等数字化示范单位，创建3~5家文化和旅游数字化示范企事业单位；5年评选出200多个典型应用。推进AAA级及以上旅游景区建成智慧景区，具备全面资源数字化管理和面向游客服务的能力，并基于智游天府实现互联网化运营；智游天府公共服务平台累计服务1亿人次以上。召开"四川省数字文旅推进会"，搭建政产学研用平台，促进新技术新模式转化应用。

七、大力推进标准化建设

（一）完善文化和旅游标准体系

在文旅信息化、公共服务、新产品新业态与服务质量提升三大领域制定标准化体系。加快立项和出台房车露营、康养旅游、山地旅游、工业旅游、自贡彩灯、研学旅游、非遗产品等系列地方标准。争取在山地旅游、彩灯等优势领域主导制定推荐性国家标准。围绕数字文旅技术规范、目的地和产品建立数字文旅标准体系，储备一批具有转化能力的高质量团体标准。

（二）营造高质量标准发展环境

深化推进标准化试点示范工作，加大标准化体系建设和标准宣贯实施力度，提高全社会、全行业的标准意识和认知水平。加强各层级标准之间的协调发展，将普遍性需求和个性化需求结合，编制和发布地方标准和团体标准，争取将具有优势和先行性的地方标准转化为行业标准和国家标准，积极参与国际标准研制，鼓励各级主体主动承办和有效参与国际标准化会议。增强企事业单位标准创新能力，鼓励行业协会、学会、企业完善发布团体标准及企业标准。在实践中进行四川文旅特色标准的推广应用。

（三）构建文化和旅游标准化技术委员会运营机制

建立健全标准化工作机构，组建省级文化旅游标准化技术委员会，形成由政府部门、行业专家、企业三方协同推动标准立项、编制、宣贯、实施、反馈、修订、废止的工作机制。鼓励和引导各类社会主体积极参与标准化工作，强化标准的实施与监督，提升标准实施效果。建立标准实施监管制度，标准出台与标准宣贯同步，以行政单位或行业协会牵头，制定标准宣贯与考核方案。以星级饭店和旅游景区为重点，组织实施文化和旅游质量对标达标提升行动。

专栏 4

制定标准化三年行动方案；制定和细化研学旅游、山地旅游、工业旅游、自贡彩灯、非遗产品等一系列地方标准，推动山地旅游、自贡彩灯等部分有代表性的标准成为行业标准或国家标准，智慧景区标准参与行业标准编制；力争制定省级地方标准 30 个、行业标准 1 个，参与制定国家标准 1 个、国际标准 1 个。形成四川天府旅游名牌系列规范和指南，推动天府旅游品牌高质量发展。

八、加强文旅知识产权保护和运用

（一）强化文旅知识产权保护

开展全省文旅系统知识产权情况调查。加强与市场监管局（知识产权局）、知识产权中心合作，加大对文旅系统知识产权保护工作的培训和分类指导。强化在艺术创作、文博、非物质文化遗产、旅游景区、文化创意等重点领域的知识产权保护工作，重点提高艺术创作领域、文博领域和非物质文化遗产传承领域的知识产权保护意识，鼓励其积极注册申请相关的专利、商标和著作权。综合运用大数据分析、定向监管、重点管控等手段，强化对商标恶意注册和非正常专利申请等行为的监管。加强文旅知识产权行政监管执法，加大文旅知识产权方面的案情和线索通报力度。

（二）提高文旅知识产权运用水平

开展四川文旅IP建设深度调研，建立健全四川文旅IP的挖掘、开发、利用、保护、评价体系。在全省培育并认定一批发展意识较强、综合带动力大、市场前景好、消费者评价高的文旅IP示范项目，在技术咨询、标准制定、平台建设、人才培训、重点项目、建设规划等方面给予扶持或奖励。建立文旅IP库，探索文旅知识产权交易机制，加强专题培训和定向辅导，深入推进文旅IP培育、示范工作与"天府旅游名牌"工作有机融合。

专栏5

设立"四川省文旅IP发展研究中心"；组织各级各类文旅知识产权宣贯培训300人次以上；建立全省文旅IP库，打造示范文旅IP项目30个，扶持成长型文旅IP项目50个以上。

九、做好文旅育人及文旅人才培养

（一）推进研学旅游发展

推进研学旅游基地（营地）建设。开展省级研学旅行基地创建，鼓励和支持市（州）打造区域研学旅行基地，促进景区文旅融合和迭代升级，推动研学旅行向全域、全业、全龄的研学旅游拓展。鼓励市（州）因地制宜，采取新建、联建、改建的方式建设研学旅游营地，围绕营地创建研学旅游基地。结合四川文旅特色打造一批示范性研学旅游基地和精品线路，形成布局合理、互联互通的研学旅游基地网。

建立研学旅游产品体系。推动研学旅游主题产品打造，构建红色教育、地质科考、自然生态、气象物候、科技探索、古蜀文明、三国文化、诗歌文化、工业遗产等研学产品体系，拓展形成面向港澳台和海外的研学旅游产品体系。支持市（州）建立研学旅游品牌，形成目的地研学产品体系。

建立推动研学旅游发展的体制机制。积极推动跨区域合作和资源共享，推进区域研学旅游整体发展。建立研学旅游基地间合作机制。在全省设立研学旅游试点示范市（州），争创文化和旅游部国家级研学旅游示范基地。

专栏6

围绕红色、地学、诗歌文化、非遗传承保护、古蜀文明、工业遗产等代表性主题建设研学旅行基地，推出研学旅游线路；创建一套研学旅游活动课程；培养一批综合素质高的研学旅游指导师；建立一套研学旅游标准体系；研制一套先进可靠的研学旅游活动服务平台和评价系统。

（二）完善文旅人才培养机制

优化人才培养结构，加强创新型、复合型、外向型文旅跨界人才培养；加大对文化和旅游科技创新领域优秀人才的培养，逐步推进文化艺术和旅游职业教育转型升级。建设文化和旅游科技人才培养基地、专业人才实训基地。进一步推进文化和旅游部四川培训基地、中国非物质遗产传承人群培训基地建设。实施校企深度合作项目，建设有辐射引领作用的高水平专业化产教融合实训基地。

（三）加强四川文旅行业培训

持续提升实训基地、课程研发、师资队伍，开展"两项改革"后半篇乡村旅游人才实训基地建设，做强四川文旅培训品牌。持续举办"天府文旅大讲堂"，逐步搭建文旅领域专项特种培训平台，提升线上数字化远程培训水平。全面加强全省文旅系统人才培训工作，对全省文旅系统行政管理人员、企业经营管理人员、产业带头人及行业专家等在数字经济、文旅融合、标准化、知识产权、公共服务质量提升等方面进行系统培训。实施职业技能提升行动，重点针对涉旅住宿业、旅行社、景区从业人员和旅游向导人员开展线下线上培训。组织职业技能比武，举办旅游行业各类技能竞赛。鼓励职业院校和相关院团（企业）根据社会需求开展高质量培训。加强社会艺术水平考级管理工作，以新技术提升社会艺术水平考级的工作质量和效能。

专栏7

重点培养支持500名文化艺术人才、500名旅游人才、1 500名乡村文化和旅游能人，示范带动各市（州）支持培养10 000名文化和旅游人才。

十、保障措施

（一）强化组织保障

建立健全科技、教育、交通、工信、发改、体育等部门参与的文化和旅游与科技融合发展的工作机制，建立省、市、县联动的协同工作和服务机制。引导各级、各地在科研、标准化、信息化、研学旅游等重点领域切实加强规划实施的组织领导和统筹协调，形成分工合理、权责明确的协调推进机制，制定规划实施方案，加强考核评估，将文化和旅游科技创新工作考核结果作为文化和旅游工作绩效考评的重要内容。

（二）加强政策保障

积极争取各级财政资金持续性投入，将文旅科研资金作为专项资金，逐年增大各级文旅科研的经费支持，根据规划编制专项项目并作为申请财政资金的重要依据。鼓励具有前瞻性、公共性、示范性和创新性的文化和旅游科技创新项目。引导社会资金支持文化和旅游科技创新，引导和鼓励金融机构对文化和旅游科技企业的科技创新予以信贷和资本支持，加快开发适应文化和旅游科技企业需要的金融产品。鼓励建设高水平新型研发机构和创新联合体以及高水平文旅创新团队，加大对产业技术创新平台的支持力度，加强文化和旅游科技融合重点领域知识产权保护，净化知识产权保护环境。

（三）加强对外合作

建立跨行业、跨部门的文化和旅游科教工作交流共享机制，搭建科研资源共享服务平台，实现跨区域、跨部门、跨学科协同创新。拓展交流合作渠道，争取技术合作项目，推进文化和旅游领域国内外科技交流合作，积极参与国际文化和旅游标准的制定，扩大并提升四川文化和旅游科技的国际影响力。

4 《关于进一步支持文化旅游企业纾困的若干措施》

为贯彻落实党中央、国务院，省委、省政府决策部署，帮助文化和旅游企业渡过难关、恢复发展，根据《四川省贯彻落实促进服务业领域困难行业恢复发展若干政策的实施方案》，特制定以下措施：

一、加大省级财政纾困补助力度

（一）支持旅行社恢复发展。对依法在四川设立，且在保工保产、恢复发展中做出积极贡献的骨干旅行社，根据 2021 年度营业收入、安全运营、诚信经营和 2022 年一季度从业人员数等指标进行综合考评，每家给予一次性纾困补助 20 万元。（责任单位：文化和旅游厅、财政厅）

（二）支持民营文艺表演团体发展。对依法在四川设立，疫情常态化防控期间坚持演出、服务我省人民群众文化生活，在保就业保稳定等方面做出积极贡献的民营文艺表演团体，根据 2021 年度营业收入、演出场次、从业人员数、社会效益贡献等指标进行综合考评，对排名前 30 位的给予一次性纾困补助 20 万～50 万元。（责任单位：文化和旅游厅、财政厅）

（三）支持民营 A 级旅游景区发展。对全省仍在接待游客的 AAA 级及以上民营旅游景区，根据 2021 年度接待游客人次、实现门票收入和服务质量及安全管理等指标进行综合考评，对排名前 40 位的按景区等级给予一次性纾困补助 10 万～40 万元。（责任单位：文化和旅游厅、财政厅）

（四）支持天府旅游名宿发展。对 2021 年度被命名为天府旅游名宿的，每家给予一次性纾困补助 10 万元。（责任单位：文化和旅游厅、财政厅）

二、加大金融政策帮扶力度

（五）降低小微文旅企业融资成本。实施"支小惠商贷"财政金融互动政策，对使用支小再贷款资金向文旅企业发放的普惠小微贷款，给予 1.5% 的贴息支持，贴息后贷款利率不超过 LPR＋0.15 个百分点。提升贷款市场的报价利率（LPR）下行、支农支小再贷款利率下调效果，引导金融机构将优惠利率传导至文旅小微企业。大型银行和股份制银行积极落实总行的内部转移定价（FTP）优惠力度相关要求。（责任单位：人行成都分行、四川银保监局、财政厅）

（六）做好文旅企业延期还本付息政策接续和贷款期限管理。发挥好普惠小微贷款支持工具作用，对地方法人金融机构向文旅等普惠小微企业发放的贷款，按照余额增量的 1% 提供激励资金，引导金融机构加大对文化和旅游企业的倾斜力度。加大续贷政策落实力度，主动跟进文旅小微企业融资需求，对符合续贷条件的正常类小微企业贷款积极给予支持。对确有还款意愿和吸纳就业能力、存在临时性经营困难的文旅小微企业，统筹考虑展期、重组等手段，按照市场化原则自主协商贷款还本付息方式。避免出现行业性限贷、抽贷、断贷。（责任单位：人行成都分行、四川银保监局、省地方金融监管局）

（七）创新文化和旅游金融产品供给。组织开展多种形式的信用贷款提升行动，增强金融机构信用贷款产品研发和推广能力，增加对文旅小微企业的信用贷款投放，推动信用贷款比重继续提升。（责任单位：人行成都分

行、四川银保监局、省地方金融监管局）

（八）完善金融监管支持文旅市场主体政策。各银行业金融机构要将不良贷款容忍度和授信尽职免责相结合，准确向基层网点传达政策导向。（责任单位：四川银保监局、人行成都分行）

（九）提升金融服务文旅企业精准度。定期收集文旅企业有效信贷需求，推送至金融机构。持续召开政银企对接活动，提升金融服务质效和政策传导的精准度。（责任单位：文化和旅游厅、人行成都分行）

三、加大政务服务保障力度

（十）推动演艺企业恢复发展。对演出举办单位（演出经纪机构、演出场所经营单位或文艺表演团体）提交的参演文艺表演团体、演员、演出内容等进行预审，审核通过的，出具预审合格函；在参演文艺表演团体、演员、演出内容不变的前提下，演出举办单位在举办演出活动前，向文化和旅游行政部门提供场地、安全、消防等证明材料，实行现场办结、立等可取。（责任单位：文化和旅游厅）

（十一）加大政策宣传和解读力度。加强统筹已有纾困政策措施，组织媒体、专家、行业组织等各方力量，精准开展政策宣贯、培训辅导、专家访谈和答疑解惑，指导企业用好用足各项政策措施。及时跟踪评估政策落实效果，积极协调推动相关部门解决政策落实过程中的难点堵点问题，了解掌握行业情况和企业需求，加强政策研究储备，及时调整、完善和优化助企纾困政策措施。（责任单位：文化和旅游厅）

5 《四川省"重走长征路·奋进新征程"红色旅游年实施方案》

为隆重庆祝中国共产党成立100周年，结合中央和我省党史学习教育安排部署及全省红色旅游发展实际，现就在全省开展"重走长征路·奋进新征程"红色旅游年活动，制定如下方案。

一、总体要求

坚持以习近平新时代中国特色社会主义思想为指导，深入贯彻落实习近平总书记在党史学习教育动员大会上的讲话精神和"把红色资源利用好，把红色传统发扬好，把红色基因传承好"重要指示精神，以开展党史学习教育为契机，深度挖掘我省红色旅游资源文化内涵，努力扩大红色文化传播，积极打造红色旅游品牌，大力开展红色文化教育，激发人民群众爱党爱国热情，为热烈庆祝中国共产党成立100周年营造浓厚社会氛围，为全面建设社会主义现代化国家、实现中华民族伟大复兴中国梦汇聚更强大的精神力量。

二、活动内容

（一）举办红色旅游年启动仪式。

启动仪式内容包括领导致辞、视频展示红军长征途经四川路线、发布红色旅游精品线路、优秀红色故事讲解员讲述长征故事、为"重走长征路"代表授旗、省领导宣布启动等环节。邀请省委省政府有关领导、省直有关部门（单位）负责同志、市（州）文化和旅游行政主管部门负责同志以及社会各界代表参加。〔责任单位：文化和旅游厅，省委宣传部、省委党史研究室、承办地市（州）人民政府。4月底前完成。逗号前为牵头单位，下同〕

（二）推出红色经典景区和精品线路活动。

红色旅游经典景区推介。围绕长征国家文化公园建设，推出一批红色旅游经典景区，加大对红色旅游经典景区创建国家 AAAAA 级景区支持力度，为参评国家级红色旅游经典景区做好相关储备工作。〔责任单位：文化和旅游厅，省文物局、各市（州）人民政府。4月底前完成〕

红色旅游精品线路发布。围绕"重温红色历史、传承奋斗精神""走进大国重器、感受中国力量""体验美丽乡村、助力乡村振兴"等主题，按照"一轴两线十区段"整体空间布局，推出一批展现党的初心使命、体现党的奋斗历程、展示四川发展成就，具有较强影响力和吸引力的红色旅游精品线路。全省遴选推荐 10 条红色旅游精品线路参选全国"建党百年百条精品红色旅游线路"。〔责任单位：文化和旅游厅，省文物局、各市（州）人民政府。4月底前完成〕

（三）开展讲好"四川长征故事"活动。

举办红色故事讲解员大赛。以"心中的旗帜"为主题，举办四川省第二届红色故事讲解员大赛，评选"四川红色故事金牌讲解员"和"四川红色故事优秀讲解员"。推荐获奖人员参加第三届全国红色故事讲解员大赛。〔责任单位：文化和旅游厅，省委宣传部、省委党史研究室、省文物局、各市（州）人民政府。4月份完成〕

开展"优秀红色讲解员讲百年党史"巡回宣讲活动。组织优秀红色讲解员走进党政机关、部队、高校、企事业单位，开展党史学习教育巡回宣讲。遴选推荐优秀代表参加全国"百名红色讲解员讲百年党史"巡回宣讲活动。〔责任单位：文化和旅游厅，省委党校、省委党史研究室。贯穿全年〕

（四）开展长征历史文化研究和传承活动。

举办长征文化论坛。组织老红军、老党员和党史研究领域专家学者对长征历史文化进行深入研究，进一步还原历史细节、挖掘历史故事。发布红色旅游创新发展研究课题，支持出版长征文化研究书籍和论文集。〔责任单位：省社科院，省委党校。贯穿全年〕

组织红色文献巡展。策划推出"建党百年"系列展陈活动，综合运用红色文献、红色文物、历史图片等资源，通过数字云展播、音像制品、多媒体互动展示等形式，全景再现红军长征在四川走过的艰苦卓绝的革命道路和中国共产党辉煌光荣的历史篇章。〔责任单位：文化和旅游厅，省委宣传部、省委党校、省委党史研究室、省文物局、省社科院、各市（州）人民政府。6 月份完成〕

（五）开展红色文化进校园活动。

组织开展以"新时代新青年、中国梦中国红"为主题的"红色文化进校园"案例作品征集展示活动。推荐全省优秀案例参加全国集中展示。组织优秀红色讲解员进校园宣讲红色故事，开展红色旅游研学活动，组织师生到革命遗址遗迹、红色文化博物馆纪念馆、红色主题教育基地等开展现场教学。〔责任单位：文化和旅游厅、教育厅，省委党校、省社科院、各市（州）人民政府。贯穿全年〕

推出红色主题研学实践教育基地和精品线路。以红色旅游经典景区为平台，以教育实践为重点，发布全省首批研学旅游试点市、研学旅行实践基地及精品线路。〔责任单位：文化和旅游厅、教育厅，省委党史研究室、各市（州）人民政府。4 月份完成〕

（六）开展长征文化文艺作品征集、展演和体育活动。

组织主题文艺作品创作展演。培育红色文化演艺项目，鼓励创作党史题材文艺作品，打造推出多种形式的红色主题演艺作品。组织开展"回望百年路礼赞新时代—四川省庆祝中国共产党成立 100 周年优秀剧目展演季"等系列活动，推出《长征组歌》《黄河大合唱》《英雄》等一批经典作品和优秀剧目，积极开展巡回演出和景区驻场演出。举办"四川省百幅优秀书画作品展""四川红军石刻图片展"等展览。举办"巴蜀大合唱·颂歌献给党"首届巴蜀合唱节，开展主题歌曲征集、合唱比赛、惠民展演等活动。〔责任单位：文化和旅游厅，省委宣传部、省委党校、省委党史研究室、各市（州）人民政府。贯穿全年〕

开展四川省大学生文化艺术展演。活动面向全省大学生，分为舞台艺术表演和视觉艺术展示两大类。舞台艺术表演类包括唱响红歌、表演语言类节目、演绎原创歌曲等，视觉艺术展示类包括书法、绘画、微电影、纪录片等方面的创作和展示。〔责任单位：团省委，教育厅、文化和旅游厅、省广电局。6月份完成〕

组织开展"重走长征路"系列体育活动。结合长征沿线红色资源和赛事条件，策划举办红色主题突出、形式多样、丰富多彩的全民健身健步走、红歌广场舞、马拉松、冬夏令营等各类体育赛事活动。〔责任单位：省体育局，文化和旅游厅、各市（州）人民政府。贯穿全年〕

（七）开展红色旅游创意产品比赛和展示活动。

深度挖掘红色旅游资源时代价值内涵，开发长征文化创意产品。围绕"红军长征路""红色记忆"主题举办红色文创邀请赛、红色文创大讲堂、红色文创巡回展三项活动，推荐获奖产品参加全国红色旅游创意产品创新成果征集展示活动。〔责任单位：文化和旅游厅，各市（州）人民政府。6月份完成〕

（八）策划实施宣传推广活动。

突出重点、全面推进，协调组织中央和省内主要媒体加大宣传报道力度，大力宣传我省"红色旅游年"各项活动进展及成效。强化互联网思维，推出图解、微场景（H5）、动漫、小游戏、小程序等可视化呈现、交互式传播的网络产品，制作一批受众喜爱、刷屏热传的精品。用好今日头条、抖音等社交平台，提升宣传推广效果。在中心城市、交通枢纽的公共空间区域，设置宣传标识，增加受众覆盖面，提升影响力。充分把握时间节点，与中央重要活动相呼应，努力扩大宣传声势。〔责任单位：省委宣传部，省委网信办、文化和旅游厅、各市（州）人民政府。贯穿全年〕

（九）推进国家文化公园建设。

建设长征和黄河国家文化公园。落实《长征国家文化公园四川段建设实施方案》和《四川省黄河文化保护传承弘扬工作方案》主要任务，梳理确定一批引领性、示范性项目进入中央和省级相关专项规划并推动实施。〔责任单位：省委宣传部，省发展改革委、文化和旅游厅、省文物局、有关市（州）人民政府。贯穿全年〕

建设长征沿线交通配套设施。以中央红军长征路线为主线，加快编制"重走长征路"红色旅游交通运输专项规划，着力打造长征国家文化公园四川段"快进、慢游"公路网络。加快 G350 线双桥沟口至小金县城段改扩建工程等红色旅游公路项目建设，提高长征干部学院对外交通通行能力。〔责

任单位：交通运输厅，省发展改革委、有关市（州）人民政府。贯穿全年〕

（十）开展革命历史文物类纪念设施、遗址和爱国主义教育基地排查维护和整改提升行动。

对全省开放的革命历史类博物馆、纪念馆、陈列馆，革命遗址遗迹、红色旅游景区，各级爱国主义教育基地内的陈列展览、场馆设施设备、讲解词进行全面排查、规范审核。根据遗存状况实施抢险加固、修缮保护、展示利用等工程，对有悖党史史实、文字内容表述不准确、图表说明不清、讲解词不规范等问题立即整改。〔责任单位：省委宣传部、省委党史研究室，退役军人厅、文化和旅游厅、省文物局、各市（州）人民政府。贯穿全年〕

三、保障措施

（一）加强组织领导。各地各有关部门（单位）要进一步提高政治站位，充分认识开展"重走长征路·奋进新征程"红色旅游年活动的重大政治意义，切实加强组织领导，结合党史学习教育，把"红色旅游年"系列活动纳入本地本部门（单位）年度重点工作统筹谋划，以高度的政治自觉推动各项工作有序开展。

（二）形成工作合力。各牵头部门（单位）要建立工作会商机制，迅速制定具体任务分工，定期召集研究，协调解决工作推进过程中的困难和问题。各责任单位要加强配合，按照分工要求，主动履职尽责，优化资源配置，落实人财物等相关保障，积极对接国家部委，争取政策、项目和资金支持。

（三）务实高效推进。各地各有关部门（单位）要对工作任务进行细化分解，落实责任主体，明确时间表和路线图，定期核实并向牵头部门（单位）报送工作落实情况，精准推进所承担的工作任务如期高质量完成。文化和旅游厅要定期收集汇总"红色旅游年"系列活动开展情况，总结提炼推广好的经验做法，及时向省政府报送活动成效。

6 《关于进一步做好天府旅游名县建设工作的通知》

天府旅游名县建设工作启动以来，各地大力发展文旅产业，比学赶超、竞相发展，天府旅游名县品牌含金量和影响力持续提升，全省文化和旅游高质量发展态势更加明显。为在新的历史起点加快建设文化强省旅游强省，现就进一步做好天府旅游名县建设工作有关事项通知如下。

一、提升天府旅游名县建设水平

天府旅游名县是发展县域旅游的"标兵"和"头雁"，各命名县要充分发挥示范带动作用，进一步明确工作思路、细化发展措施，持续推进县域旅游品牌提升，不断提升四川文旅供给力、竞争力和影响力。

（一）科学规划布局。优化国土空间布局，科学编制全域旅游发展规划和"十四五"文旅融合发展规划，遵循本地国民经济发展、国土空间等规划，与建设、交通、水利、林草等专项规划相协同。建立文化旅游规划评估与实施督导机制，确保规划落地落实。县域内涉旅重大项目，在立项、规划设计和竣工验收环节，需充分征求文化旅游行政主管部门意见。

（二）做强旅游经济。招引、落地一批引领性、支撑性重大文旅项目，力争"十四五"期间每个命名县均有项目进入全省文旅重点项目库或列入全省重点项目库，积极推进文旅融合发展示范园区（项目）建设。实施文旅优秀龙头企业培育工程，引进有实力的文旅战略投资者和运营商，打造本土文旅领军型企业，支持培育一批民营和中小微文旅企业。各命名县旅游总收入、接待游客人次等指标"十四五"期间年均增速不低于 10%，县域旅游综合带动作用不断增强，助推乡村振兴和县域经济强县建设。

（三）推动产业升级。要充分运用文旅资源普查成果，突出抓好观光产品提质增效，在"吃、住、行、游、购、娱"旅游全过程注入文化元素，再造旅游消费新场景，推动旅游向关联产业渗透，打造全要素文旅精品，构建现代文旅产业体系。大力发展康养、研学、科普等旅游新业态，积极开发数字影院、数字景区、数字博物馆等新产品，培育网络消费、体验消费、智能消费等新模式，力争每年至少新增 2 种国家（省）级夜间经济、科普研学、运动康养、工业旅游、乡村民宿、美食等新业态品牌。打造"天府旅游名牌"，加快建设高品质旅游度假区，打造"国际范、中国味、巴蜀韵"的休闲度假旅游胜地。

（四）完善基础设施。着力共建共享，突出标准化、便利化、智能化，完善文旅公共服务。发展智慧交通、共享交通，打通断头路、做大辐射圈、提升通畅性，构建"快进、慢游、易出"的县域旅游综合交通网络。加强旅游交通沿线生态环境保护和旅游名镇、名村、驿站、绿道、骑行专线等规划建设。做好历史文化名城名镇名村和传统村落基础设施配套，建设人文气息浓厚的特色街区，打造集文创、旅游、餐饮、购物于一体的消费聚集区，积极争创国家（省）级文旅消费示范城市。持续推进"厕所革命"，提升旅游厕所管理服务水平。

（五）提升服务品质。持续开展景区"对内注重提品质、对外注重美誉度"管理服务质量提升行动，完善旅游服务标准，提供个性化、亲情化服务。推出针对老年游客的旅游服务。实施文旅人才培养工程和文旅能人计划，将文旅人才引进纳入人才引进计划，加大涉旅行业管理人员、从业人员培训，培育导游员（讲解员）、文旅志愿者队伍，设立志愿服务工作站点。积极引导游客绿色出行、理性消费、文明旅游、依法维权。落实旅游市场黑名单制度。健全旅游安全监管和市场综合治理体系，维护游客合法权益。县域旅游游客满意率达到85%以上。

（六）做好宣传推广。围绕"天府三九大、安逸走四川"文旅总品牌，提炼推出地方特色品牌形象。常态化举办文旅特色主题活动，创新承办、积极参加国内外重大综合性、行业性节会展赛。组织开展天府旅游名县"一年看变化"集中宣传报道，利用新媒体传播优势，大力推广县域旅游发展的好经验、好做法，进一步提升天府旅游名县在国内外的知名度和影响力。

（七）推进改革创新。做深做实乡镇行政区划和村级建制调整改革"后半篇"文章，推进乡村旅游提质增效。聚焦激活体制机制、市场主体、要素资源，着力解决文旅产业发展中的体制性障碍、机制性梗阻、政策性难题。深化文旅领域"放管服"改革，严格落实促进民营经济健康发展的政策措施，激发各类文旅产业市场主体活力，引导社会各方积极参与天府旅游名县建设。推进要素市场化配置，做好资金、土地等要素保障工作。扩宽融资渠道，支持更多符合条件的文旅企业发行债券、资产证券化产品，开展股权融资。

二、完善天府旅游名县评选机制

坚持"申报推荐—竞争遴选—考核认定"的评选方式，结合实际工作需要，适当完善具体评选方式。

（一）实施分类评定。针对成都市市辖区与全省其他县（市、区）在城市形态、文化生态、旅游业态及文旅发展水平等方面存在的客观差异，对成都市市辖区实行单列评选，原则上每年评选1个命名区，对候选区指标实行单列管理，原则上每年递补1个候选区。将成都市的县（市）与其他市（州）的县（市、区）一起评选，每年评选命名10个天府旅游名县，候选县缺额递补，保持30个总量不变。

（二）优化评选办法。坚持客观公正、统一考评、从优遴选、兼顾地域的原则，择优选取综合考评成绩靠前的参选单位，同时通盘考虑地域分布和客观条件、发展潜力等因素，充分发挥天府旅游名县对全省文旅经济的引领带动作用。加强考核验收中现场检查、大数据评估、游客抽样调查与暗访、主流媒体评价、行业组织评价、产业领导小组成员单位评价等6个环节过程控制，严把考评质量关。省文化和旅游产业领导小组办公室可根据全省文旅发展新形势、新情况、新要求，在总结实践经验的基础上，对天府旅游名县评选条件、指标设置、评分权重等进行优化并提出建议，按程序报审后组织实施。

（三）强化动态管理。依托"智游天府"等文旅平台，对命名县实施目标量化和动态管理，采取定期复核、暗访检查等方式推动命名县持续提升建设水平。委托第三方机构每年对命名县进行综合评估，按20%比例对评估排名靠前、建设成效明显的给予通报表扬，对连续两年综合排名靠前的实行复核免检；对发展较差、排名靠后的给予通报批评，对发展严重滞后的按规定实行限期整改、降格和退出处理。

三、强化天府旅游名县服务保障

（一）落实奖励扶持政策。省文化和旅游产业领导小组各成员单位要加强资源整合，加大对天府旅游名县命名县、候选县的扶持力度，落实好财政、项目、用地、融资、营销等激励政策。按照干部管理权限和职能职责，组织人事部门要把干部在建设天府旅游名县中的表现情况作为干部年度考核、评先评优、提拔使用的重要依据，优先支持旅游管理人才、专业技术人才、旅游从业人员培养和职业技能培训。

（二）加强建设培训指导。省文化和旅游产业领导小组办公室要充分发挥统筹协调作用，加强对天府旅游名县建设的调查研究、交流培训、政策解读、舆论宣传等工作。充分发挥天府旅游名县文旅发展联盟和"十大"文旅品牌联盟作用，定期开展宣传营销、交流培训等活动，深化联盟成员间信息、市场、营销等方面合作。按规定组织命名县、候选县主要负责同志学习考察旅游业发展先进经验。

（三）强化属地主体责任。各市（州）、县（市、区）要切实加强组织领导，认真贯彻落实《关于开展天府旅游名县建设的实施意见》（川委办〔2019〕9号），对标国内外旅游发达地区，实施"一县一策"提升计划，制定配套优惠政策、完善协调推进机制、细化落实保障措施，确保重点工作任务落地落实，促进命名县提质、候选县升级、一般县入选，推动天府旅游名县建设工作深入开展。

7 《四川省"十四五"文化和旅游科技创新规划》

为贯彻落实《四川省国民经济和社会发展第十四个五年规划和2035年远景目标纲要》《"十四五"文化和旅游发展规划》《四川省"十四五"文化和旅游发展规划》《"十四五"文化和旅游科技创新规划》，围绕建设文化强省和旅游强省，进一步发挥科技创新的引擎和支撑作用，推动我省文化事业、文化产业和旅游业发展迈上新台阶，编制本规划。

一、指导思想

全面贯彻党的基本理论、基本路线、基本方略，立足新发展阶段，贯彻新发展理念，构建新发展格局，以满足人民对美好文旅生活的需求为目标，以促进文旅高质量发展为主题，以深化现代科技在文化和旅游领域的应用为主线，坚持科技赋能、智力支撑、创新驱动，促进文旅产业质量变革、效率变革、动力变革，提升巴蜀文化影响力、四川旅游吸引力、文化旅游供给力、文旅产业竞争力，为加快建设文化强省旅游强省和世界重要旅游目的地作出重要贡献。

二、基本原则

（一）坚持以人民为中心

将科技创新作为满足人民对美好文旅生活需求的重要手段，不断增强人民群众对优质公共服务和优秀文旅产品的获得感和满足感。

（二）坚持服务大局

围绕中央及省委的中心工作，结合成渝地区双城经济圈国家战略，服务国家科教兴国、标准化与知识产权等发展战略，服务网络强省、数字四川、智慧社会建设。

（三）坚持协同发展

突出科技创新对文旅行业内部各业务板块发展的协同赋能，坚持与科技、经信、发改、教育、市场等部门的协同合作，加强文旅部门与高校、院所、企业的协同创新，统筹各方资源，筑牢我省文旅科技创新的基石。

（四）坚持创新驱动

以科技创新催生新发展动能，突出创新对文旅各领域以及科教工作自身的关键作用，推进机制创新、模式创新和业态创新，将创新作为推动我省文化和旅游不断发展的主要动力和新兴优势。

三、发展目标

以科技创新赋能文化和旅游发展，加快建设世界重要旅游目的地和文化旅游强省。

（一）科技成果更加丰富

充分调动高等院校、科研院所、高新企业等各类主体在文旅领域开展相关研究的积极性，鼓励和引导与四川文旅发展战略密切相关的基础理论、新型装备、数字技术等领域的科研和技术创新，确立有四川特色的文旅科研优势领域，形成一批有开创性和领先性的典型研究成果。

（二）成果转化更加有效

加强科研创新成果的应用转化，促进科研创新成果与应用主体的对接融合，提升科技创新成果在文化艺术传播、文物发掘保护、文化公共服务增效、文化和旅游产业竞争力提升等领域的应用转化效率。

（三）标准体系基本健全

需求引领、政府引导、市场驱动、多方参与、开放融合、特色鲜明的标准化工作格局初步确立，工作机制运行顺畅；结构合理、重点突出、协同互促，适应四川文旅高质量发展需要的标准体系基本健全。

（四）信息化建设极大发展

着力推进数字文旅新基建，充分发挥"智游天府"平台优势，推动文旅产业数字化进程。大力培育数字文旅创新型企业和数字文旅新业态，增强全省数字文旅科技创新发展动力，做强做大四川数字文旅产业。

（五）知识产权保护和利用更加有效

加强宣传指导，提升全行业知识产权保护和利用意识，积极探索与我省文旅领域相关的知识产权警示机制，突出重点领域的知识产权保护工作。以市场为导向，对文旅品牌体系进行有效开发利用，不断提升巴蜀文化影响力。

四、完善文旅科技创新体系

（一）文旅科技创新载体建设

以文化和科技融合示范基地作为全省文化和旅游科技创新和产业发展的核心载体，引导科技创新要素集聚。完善"政产学研用"的文化和旅游技术创新体系，形成体系完善、相互支撑的科技创新格局。做好文化和旅游部国家旅游科技示范园区、国家科技创新基地的推荐，建设一批省级园区和基地。制定科技旅游园区和国家科技创新基地管理办法，推动园区和基地之间的交流与协作，形成文旅深度融合、科技发展突出、创新应用成果显著的良好局面。

（二）文旅重点实验室建设

依托和协同省内文旅相关专业高等院校、科研院所、科技优势型企事业单位加强文旅重点实验室建设工作，形成文旅重点实验室建设机制。依托优势技术，面向行业应用，瞄准发展重点领域、新兴领域、特色领域及交叉领域培育一批省级重点实验室，筹建和申报国家重点实验室。制定文旅重点实验室管理办法，形成有进有出的动态管理机制。

（三）文旅智库建设

统筹全省文旅各领域专家库信息，积极对接省内其他部门专家库，依托高等院校、科研院所、企业等建立领域广泛、特色鲜明、定位清晰、规模适宜的文旅行业智库；推动智库专家跨地区、跨平台、跨领域交流合作，为全省文化和旅游领域创新发展提供决策参考和智力支持。筹建文化和旅游决策咨询委员会，为文旅发展重大问题、重大战略、重大政策提供决策咨询。

（四）文旅科技型龙头企业培育

支持创新型文化和旅游领域科技型企业和高新技术企业发展，培育一批具有国际竞争力的文化和旅游科技创新企业，鼓励一批"专精特新"文旅科技型中小企业，扶持重点行业相关企业成长为具有国际竞争力的"小巨人"企业。支持科技咨询、技术评估、创业孵化、技术转移等文旅产业创新服务机构的发展。

专栏 1

争创国家旅游科技示范园区试点 1 家，认定省级旅游科技示范园区 10 家。争创文化和旅游部重点实验室 1 家，认定省级文化和旅游重点实验室 30 家。争创文化和旅游部技术创新中心 1 家，认定省级文化和旅游技术创新中心 5 家。建设和完善行业智库体系，争取创建 1 个文化和旅游行业智库建设试点单位，推出一批高质量智库研究成果。扶植和培育 1 个具有国际竞争力的文化和旅游科技创新企业。

五、强化文化和旅游科技研发和成果转化

（一）文化和旅游理论研究

围绕四川文化和旅游主要理论前沿课题、重点发展战略规划和重大行业需求，深入开展人文艺术学、公共管理、文化产业、旅游经济、文旅融合等研究。聚焦巴蜀文化、三国文化、川渝传统戏剧曲艺及现代展示方式、非遗传承保护、山地旅游、藏羌彝民族旅游等领域开展研究。针对文化和旅游行业重大科技问题，开展旅游数字化和信息化前沿技术、共性关键技术等研究。

（二）文化和旅游技术研究

增加科技成果的有效供给，满足文化和旅游行业科技需求。在山地旅游、自贡彩灯、数字文博、旅游设备、旅游安全、景区地质灾害防治等领域加强研发，推动人机交互、数字孪生、北斗导航等技术在文化和旅游领域的创新应用和典型应用。支持文化艺术内涵挖掘与理论及技术研究、传统文化资源与材料工艺的复原复现和文化公园保护监测、面向大众旅游服务创新的关键技术等创新研发。加强云计算、大数据、物联网、5G、人工智能、区块链等技术理论研究成果在文旅产业链中的应用转化。

（三）文化和旅游装备研究

加强指导建立文旅新技术、新装备、新项目目录；支持自驾车（旅居车）、低空飞行、游艺游乐装置、适老化设施、移动式旅游厕所等装备设施研制。推进 AR/VR 增强现实、超高清视频等文化和旅游产品装备关键技术研发。推动适用于山地旅游、冰雪旅游专用装备及高海拔地区的特殊旅游装备研究。加强低能耗、高安全、智能化的旅游交通装备研制和非接触式服务智能装备研发。推动文化和旅游创意产品开发与现代科技融合发展。

（四）科技成果转化应用

支持文化和旅游重要装备、工艺、系统、平台的研究成果转化推广，进一步提升北斗卫星导航在文旅行业的应用；推动文旅科技成果集成转化、多维应用；积极组织科技和信息化装备成果参加科博会、文旅发展大会、景区大会等各类科技文化旅游的相关展会，加强各种场景应用的推荐；促进校地企融通创新，创新文旅科研转化机制，构建涵盖技术平台、成果转化、创新孵化、科技金融等全链条的创新服务支撑体系；将文旅科研资金作为专项资金，逐年增大各级文旅科研的经费支持；构建政产学研用合作平台，支持文旅科技头部企业联合科研机构、高等院校、行业协会等建立产学研创新联合体，共同实施技术攻关项目。

专栏 2

提升国家社科基金艺术学项目、文旅部部级社科研究项目、文旅部及科技厅等科研项目立项数量，力争每年保持 5 个以上；每年组织开展 1 次文化和旅游装备与信息化等领域典型案例征集和发布，进行经验交流、宣传报道和技术推广；加强与省科技厅、省社科联等单位协作，争取设立文化和旅游科技专项（项目）。

六、推进文化和旅游信息化

（一）深化数字文旅行业治理

推进全省文旅系统数字化改革，以"好用实用管用"为目标，建设智慧协同的政务管理体系，推进与国家政务一体化服务平台和省级政务一体化服务平台的互联互通，实现"一网办通"。实现旅游景区、文博场馆身份证、健康码、门票"三码合一"便捷入园。建成覆盖全面、功能完善、方便快捷的"智游天府"全省文化和旅游公共服务平台，实现公共服务"一键通"、投诉监管"无盲区"、宣传推广"快精准"。打造行业信用评价、景区服务评价、游客不文明行为晾晒、游客投诉举报等政务服务系统。

（二）建立全方位的产业运行监测体系

以"智游天府"平台为依托，推进市、县、文旅企事业单位的应用对接、功能拓展和数据共享，推进与公安、气象、交通、森林、应急等部门的数据交换和工作协同，提升实时监测、应急调度和分析决策能力。依托各地政务云统筹规划建设省—市（州）—县（区、市）"多级一体"的文旅大数据中心，推动文旅企事业单位"上云用数赋智"，基本实现以大数据为导向的分析决策机制。加快建设旅游景区、文博场馆门票和服务预约系统，全面推进实名制购票系统落地。整合网上审批、诚信管理、综合执法等系统，建立市场主体信用分级分类监管体系。提高文旅产业监管技术和手段，建立全方位、多层次、立体化监管体系。

（三）优化数字文旅公共服务

加快文旅场馆数字化转型升级，逐步实现全省旅游景区、文博场馆管理数字化及产业资源数字化，建立数字文旅资源库。打造一批智慧旅游城市、智慧景区、智慧文博场馆标杆项目。加快全省 A 级景区、博物馆文物、非物质文化遗产、图书馆、文化馆等资源的数字化转化进程。建设全省文旅宣传推广平台，构建全方位、多层次、立体化的省级文旅宣传推广媒体矩阵。搭建四川公共文化云服务平台，建设线上"公共文化服务超市"，推进"智游天府"公众端市场化运营。

（四）健全网络安全保障能力

建立健全文化和旅游系统的网络综合治理安全体制机制，完善网络信息安全办公室运行机制，统筹系统内网络建设和安全维护，建立网络意识形态和安全应急管理机制。建立文旅大数据风险识别数据模型，构建文化和旅游安全预警和可追溯管控系统，提升文化和旅游集聚人群安全监控、智能疏导、应急救援、事故反演和模拟仿真能力，加强客流、车流、信息流等方面的管理。强化数据安全，提高数据规范性和安全性，加强个人隐私保护。

专栏3

每年创建智慧旅游城市5个，创建35家智慧景区、智慧公共文化场馆等数字化示范单位，创建3～5家文化和旅游数字化示范企事业单位；5年评选出200多个典型应用。推进AAA级及以上旅游景区建成智慧景区，具备全面资源数字化管理和面向游客服务的能力，并基于智游天府实现互联网化运营；智游天府公共服务平台累计服务1亿人次以上。召开"四川省数字文旅推进会"，搭建政产学研用平台，促进新技术新模式转化应用。

七、大力推进标准化建设

（一）完善文化和旅游标准体系

在文旅信息化、公共服务、新产品新业态与服务质量提升三大领域制定标准化体系。加快立项和出台房车露营、康养旅游、山地旅游、工业旅游、自贡彩灯、研学旅游、非遗产品等系列地方标准。争取在山地旅游、彩灯等优势领域主导制定推荐性国家标准。围绕数字文旅技术规范、目的地和产品建立数字文旅标准体系，储备一批具有转化能力的高质量团体标准。

（二）营造高质量标准发展环境

深化推进标准化试点示范工作，加大标准化体系建设和标准宣贯实施力度，提高全社会、全行业的标准意识和认知水平。加强各层级标准之间的协调发展，将普遍性需求和个性化需求结合，编制和发布地方标准和团体标准，争取将具有优势和先行性的地方标准转化为行业标准和国家标准，积极参与国际标准研制，鼓励各级主体主动承办和有效参与国际标准化会议。增强企事业单位标准创新能力，鼓励行业协会、学会、企业完善发布团体标准及企业标准。在实践中进行四川文旅特色标准的推广应用。

（三）构建文化和旅游标准化技术委员会运营机制

建立健全标准化工作机构，组建省级文化旅游标准化技术委员会，形成由政府部门、行业专家、企业三方协同推动标准立项、编制、宣贯、实施、反馈、修订、废止的工作机制。鼓励和引导各类社会主体积极参与标准化工作，强化标准的实施与监督，提升标准实施效果。建立标准实施监管制度，标准出台与标准宣贯同步，以行政单位或行业协会牵头，制定标准宣贯与考核方案。以星级饭店和旅游景区为重点，组织实施文化和旅游质量对标达标提升行动。

专栏 4

制定标准化三年行动方案；制定和细化研学旅游、山地旅游、工业旅游、自贡彩灯、非遗产品等一系列地方标准，推动山地旅游、自贡彩灯等部分有代表性的标准成为行业标准或国家标准，智慧景区标准参与行业标准的编制；力争制定省级地方标准 30 个、行业标准 1 个，参与制定国家标准 1 个、国际标准 1 个。形成四川天府旅游名牌系列规范和指南，推动天府旅游品牌高质量发展。

八、加强文旅知识产权保护和运用

（一）强化文旅知识产权保护

开展全省文旅系统知识产权情况调查。加强与市场监管局（知识产权局）、知识产权中心合作，加大对文旅系统知识产权保护工作的培训和分类指导。强化在艺术创作、文博、非物质文化遗产、旅游景区、文化创意等重点领域的知识产权保护工作，重点提高艺术创作领域、文博领域和非物质文化遗产传承领域的知识产权保护意识，鼓励其积极注册申请相关的专利、商标和著作权。综合运用大数据分析、定向监管、重点管控等手段，强化对商标恶意注册和非正常专利申请等行为的监管。加强文旅知识产权行政监管执法，加大文旅知识产权方面的案情和线索通报力度。

（二）提高文旅知识产权运用水平

开展四川文旅 IP 建设深度调研，建立健全四川文旅 IP 的挖掘、开发、利用、保护、评价体系。在全省培育并认定一批发展意识较强、综合带动力大、市场前景好、消费者评价高的文旅 IP 示范项目，在技术咨询、标准制定、平台建设、人才培训、重点项目、建设规划等方面给予扶持或奖励。建立文旅 IP 库，探索文旅知识产权交易机制，加强专题培训和定向辅导，深入推进文旅 IP 培育、示范工作与"天府旅游名牌"工作有机融合。

专栏 5

设立"四川省文旅 IP 发展研究中心"；组织各级各类文旅知识产权宣贯培训 300 人次以上；建立全省文旅 IP 库，打造示范文旅 IP 项目 30 个，扶持成长型文旅 IP 项目 50 个以上。

九、做好文旅育人及文旅人才培养

（一）推进研学旅游发展

推进研学旅游基地（营地）建设。开展省级研学旅行基地创建，鼓励和支持市（州）打造区域研学旅行基地，促进景区文旅融合和迭代升级，推动研学旅行向全域、全业、全龄的研学旅游拓展。鼓励市（州）因地制宜，采取新建、联建、改建的方式建设研学旅游营地，围绕营地创建研学旅游基地。结合四川文旅特色打造一批示范性研学旅游基地和精品线路，形成布局合理、互联互通的研学旅游基地网。

建立研学旅游产品体系。推动研学旅游主题产品打造，构建红色教育、地质科考、自然生态、气象物候、科技探索、古蜀文明、三国文化、诗歌文化、工业遗产等研学产品体系，拓展形成面向港澳台和海外的研学旅游产品体系。支持市（州）建立研学旅游品牌，形成目的地研学产品体系。

建立推动研学旅游发展的体制机制。积极推动跨区域合作和资源共享，推进区域研学旅游整体发展。建立研学旅游基地间合作机制。在全省设立研学旅游试点示范市（州），争创文化和旅游部国家级研学旅游示范基地。

专栏6

围绕红色、地学、诗歌文化、非遗传承保护、古蜀文明、工业遗产等代表性主题建设研学旅行基地，推出研学旅游线路；创建一套研学旅游活动课程；培养一批综合素质高的研学旅游指导师；建立一套研学旅游标准体系；研制一套先进可靠的研学旅游活动服务平台和评价系统。

（二）完善文旅人才培养机制

优化人才培养结构，加强创新型、复合型、外向型文旅跨界人才培养；加大对文化和旅游科技创新领域优秀人才的培养，逐步推进文化艺术和旅游职业教育转型升级。建设文化和旅游科技人才培养基地、专业人才实训基地。进一步推进文化和旅游部四川培训基地、中国非物质遗产传承人群培训基地建设。实施校企深度合作项目，建设有辐射引领作用的高水平专业化产教融合实训基地。

（三）加强四川文旅行业培训

持续提升实训基地、课程研发、师资队伍，开展"两项改革"后半篇乡村旅游人才实训基地建设，做强四川文旅培训品牌。持续举办"天府文旅大讲堂"，逐步搭建文旅领域专项特种培训平台，提升线上数字化远程培训水平。全面加强全省文旅系统人才培训工作，对全省文旅系统行政管理人员、企业经营管理人员、产业带头人及行业专家等在数字经济、文旅融合、标准化、知识产权、公共服务质量提升等方面进行系统培训。实施职业技能提升行动，重点针对涉旅住宿业、旅行社、景区从业人员和旅游向导人员开展线下线上培训。组织职业技能比武，举办旅游行业各类技能竞赛。鼓励职业院校和相关院团（企业）根据社会需求开展高质量培训。加强社会艺术水平考级管理工作，以新技术提升社会艺术水平考级的工作质量和效能。

专栏 7

重点培养支持 500 名文化艺术人才、500 名旅游人才、1 500 名乡村文化和旅游能人，示范带动各市（州）支持培养 10 000 名文化和旅游人才。

十、保障措施

（一）强化组织保障

建立健全科技、教育、交通、工信、发改、体育等部门参与的文化和旅游与科技融合发展的工作机制，建立省、市、县联动的协同工作和服务机制。引导各级、各地在科研、标准化、信息化、研学旅游等重点领域切实加强规划实施的组织领导和统筹协调，形成分工合理、权责明确的协调推进机制，制定规划实施方案，加强考核评估，将文化和旅游科技创新工作考核结果作为文化和旅游工作绩效考评的重要内容。

（二）加强政策保障

积极争取各级财政资金持续性投入，将文旅科研资金作为专项资金，逐年增大各级文旅科研的经费支持，根据规划编制专项项目并作为申请财政资金的重要依据。鼓励具有前瞻性、公共性、示范性和创新性的文化和旅游科技创新项目。引导社会资金支持文化和旅游科技创新，引导和鼓励金融机构对文化和旅游科技企业的科技创新予以信贷和资本支持，加快开发适应文化和旅游科技企业需要的金融产品。鼓励建设高水平新型研发机构和创新联合体以及高水平文旅创新团队，加大对产业技术创新平台的支持力度，加强文化和旅游科技融合重点领域知识产权保护，净化知识产权保护环境。

（三）加强对外合作

建立跨行业、跨部门的文化和旅游科教工作交流共享机制，搭建科研资源共享服务平台，实现跨区域、跨部门、跨学科协同创新。拓展交流合作渠道，争取技术合作项目，推进文化和旅游领域国内外科技交流合作，积极参与国际文化和旅游标准的制定，扩大并提升四川文化和旅游科技的国际影响力。

8 《四川省全域旅游示范区管理实施办法（试行）》

第一章 总 则

第一条 为深入贯彻党中央、国务院关于全域旅游的决策部署以及省委第十一届三、四次全会精神，认真落实省委省政府《关于大力发展文旅经济加快建设文化强省旅游强省的意见》，切实做好全省全域旅游示范区（以下简称"示范区"）创建、验收、认定、管理等工作，依据《全域旅游示范区创建工作导则》《国家全域旅游示范区验收、认定和管理实施办法（试行）》等有关文件要求，制定本办法。

第二条 本办法所指的示范区是指将县级行政区划作为完整旅游目的地，以旅游业为优势产业，统一规划布局，创新体制机制，优化公共服务，推进融合发展，提升服务品质，实施整体营销，具有较强示范作用，发展经验具备复制推广价值，且经文化和旅游厅认定的区域。

第三条 示范区聚焦旅游业发展不平衡不充分矛盾，以旅游发展全域化、旅游供给品质化、旅游治理规范化和旅游效益最大化为目标，坚持改革创新，强化统筹推进，突出创建特色，充分发挥旅游关联度高、带动性强的独特优势，不断提高旅游对促进经济社会发展的重要作用。

第四条 示范区创建、验收、认定和管理工作，坚持公开、公平、公正，遵循"注重实效、突出示范，严格标准、统一认定，有进有出、动态管理"的原则。

第二章 职责及分工

第五条 文化和旅游厅统筹全省全域旅游示范区创建、验收、认定、管理等工作。

第六条 市（州）文化和旅游局负责辖区县级创建单位初审、创建指导和监督管理等工作。

第七条 各创建单位人民政府为创建工作责任主体。

第三章 创 建

第八条 创建单位按照《全域旅游示范区创建工作导则》《国务院办公厅关于促进全域旅游发展的指导意见》（国办发〔2018〕15号）成立创建工作领导小组、制定创建工作方案，扎实开展创建工作，推动全域旅游高质量发展。创建工作方案由市（州）文化和旅游局向文化和旅游厅报备。

第九条 列入首批四川省全域旅游示范区创建名录的创建单位经自检

达标后可向所在市（州）文化和旅游局提出验收申请；未列入创建名单的县（市、区）在开展创建工作满一年（以创建方案印发并报备至省文化和旅游厅时间为准），且自检达标后，方可向所在市（州）文化和旅游局提出验收认定申请。

第十条　市（州）文化和旅游局对创建单位创建工作方案进行审核，确保创建工作"组织机构健全、任务分工明确、督导责任落实"，并加强对创建单位创建工作的指导。

第四章　验　　收

第十一条　验收采用《国家全域旅游示范区验收标准（试行）》（以下简称《标准》）。《标准》基本项目总分 1 000 分，创新项目加分 200 分，共计 1 200 分。通过省级全域旅游示范区验收的最低得分为 900 分（含）。

第十二条　文化和旅游厅根据创建工作开展情况，启动创建单位验收工作。创建单位开展创建满一年且自评达到 900 分（含）以上的；且具有不少于 1 个国家 AAAAA 级旅游景区，或国家级旅游度假区，或国家级生态旅游示范区；或具有 2 个以上国家 AAAA 级旅游景区；或具有 2 个以上省级旅游度假区；或具有一个 AAAA 级旅游景区和一个省级旅游度假区；或具有一个 AAAA 级旅游景区和一个省级生态旅游示范区；或一个省级旅游度假区和一个省级生态旅游示范区，天府旅游名县命名县符合条件的可直接申请省级全域旅游示范区验收。

第十三条　市（州）初审。市（州）文化和旅游局根据各地申请情况制定验收方案，采取现场检查（明查、暗访）、资料审核两种方式进行综合评审，对满足省级全域旅游示范区认定标准的，向文化和旅游厅提交认定申请、初审验收报告、验收打分及检查项目说明材料、创建单位专题汇报文字材料及全域旅游产业运行情况、创建工作视频。

第十四条　省级验收。省级验收主要包括陈述答辩、资料审核和暗访三种方式。陈述答辩通过听取汇报、提问交谈等方式重点考察创建单位对全域旅游重视程度和创建工作情况等；资料审核主要对体制机制、政策保障、旅游规划等《标准》要求的内容进行审核打分；暗访主要通过第三方，重点对创建单位的产业融合、产品体系、公共服务体系、旅游环境等《标准》要求的内容进行暗访检查和打分。综合各环节考评情况，提出验收认定建议名单报厅务会审定。

第五章　认　　定

第十五条　认定建议名单报文化和旅游厅厅务会审定后，进行不少于

3 个工作日的公示。对公示期间未收到投诉和举报，或投诉和举报问题经调查核实不属实，或投诉和举报情况属实但已整改到位不影响认定的单位，视为通过公示。

第十六条　对通过公示的创建单位，文化和旅游厅认定为"四川省全域旅游示范区"。

第十七条　被认定为省级全域旅游示范区，且省检得分达到 1 000 分以上的国家全域旅游示范区县级创建单位，根据得分情况择优推荐国家全域旅游示范区验收认定。

第六章　监督管理

第十八条　文化和旅游厅依托"智游天府文化旅游公共服务平台""全域旅游示范区产业运行监测平台"，对认定单位和创建单位旅游产业运行情况进行日常动态监管。认定单位和创建单位应按照要求报送本地区旅游接待人次、过夜接待人次、旅游收入、投诉处理等数据，以及重大旅游基础设施、公共服务设施、旅游经营项目等信息。

第十九条　文化和旅游厅建立"有进有出"的管理机制，组织省级示范区复核工作，原则上每 3 年对认定单位复核 1 次。复核项目为《标准》中的"公共服务、供给体系、秩序与安全、资源与环境"四个部分共 400 分。复核成绩 320 分以下为不达标。复核采取委托第三方暗访的方式进行。市（州）文化和旅游局负责辖区内示范区的日常监管。

第二十条　文化和旅游厅对复核不达标或发生重大旅游违法案件、重大旅游安全责任事故、严重损害消费者权益事件、重大生态环境破坏事件、厕所革命不达标和严重负面舆论事件的全域旅游示范区，视问题的严重程度，予以警告、严重警告或撤销命名处理。

第七章　附　则

第二十一条　本办法由文化和旅游厅负责解释。各市（州）文化和旅游局可参照此办法，制定符合本地实际的全域旅游示范区管理规定。

第二十二条　本办法自发布之日起施行，有效期两年。

9　《四川省文化和旅游品牌激励实施办法》

根据《中共四川省委　四川省人民政府关于大力发展文旅经济加快建设文化强省旅游强省的意见》，切实加强全省文化和旅游领域品牌激励政策的统筹管理和统一执行，加快推动我省文旅经济高质量发展，结合《四川省省级文化和旅游发展专项资金管理办法》等专项资金管理办法，制定本办法。

一、指导思想

以习近平新时代中国特色社会主义思想为指导，坚持以人民为中心的发展思想，牢固树立新发展理念，按照省委、省政府关于大力发展文旅经济，加快建设文化强省旅游强省的部署要求，充分挖掘我省文化旅游资源的独特禀赋，提升财政调控能力，培塑文化和旅游品牌，把文化和旅游资源优势转化为品牌优势，为文化强省旅游强省建设提供品牌支撑。

二、基本原则

（一）坚持突出重点。按照我省文化和旅游领域重大改革和增支事项重要性排序，依据《中共四川省委　四川省人民政府关于大力发展文旅经济加快建设文化强省旅游强省的意见》，优先保障重点品牌项目支出，保障省委、省政府重要决策部署和重点项目需要。

（二）坚持统筹安排。在四川省省级文化和旅游发展相关专项资金范畴内，优化财力配置，打破资金和年度界限，集中财力投向关系经济社会发展全局和群众关心、社会关注的重大文化和旅游品牌项目，重点向革命老区、民族地区、贫困地区倾斜。

（三）坚持科学规范。品牌激励资金遵循"品牌引领、公开透明、专款专用"原则，主要采取奖励、补助支持方式，实行就高不重复、额度补差和事后一次性奖补方式。曾获得省级财政性资金支持的同一项目不予奖补。

三、主要内容

本办法所指文化和旅游品牌，是指由有关机关认定或依据一定标准，获取省级及省级以上的品牌荣誉，以及在全省范围内具有重大影响力和示范引领作用的品牌项目；所指品牌激励资金支持对象为符合奖补要求的行政企事业单位。

四川省文化和旅游品牌激励资金不作为单独省级专项资金进行管理。资金来源除省级财政已明确指定用途和来源的以外，其余资金在省级文化和旅游发展专项资金、四川省音乐产业发展专项资金、四川艺术基金等中按有关规定进行安排。

本办法所指品牌激励项目根据业务属性，分为文化艺术、文化遗产、文旅产业、公共服务、交流推广、市场管理和其他重大品牌七大板块。

（一）文化艺术类。包括获取国家舞台艺术精品创作扶持工程、全国性和省级奖项的作品、中国川剧节、四川艺术节、四川乡村艺术节、四川省少数民族艺术节和四川艺术基金涉及支持的品牌项目。

（二）文化遗产类。包括国家级文化生态保护区、省级文化生态保护区、省级非遗扶贫就业工坊和中国成都国际非物质文化遗产节等品牌项目。

（三）文旅产业类。包括国家级文化或旅游产业领域示范园区（基地）、全国乡村旅游重点村、省级文旅融合发展示范园区、省文化旅游产业优秀龙头企业、省级文化旅游特色小镇、四川省文化旅游融合示范项目以及四川省音乐产业发展专项资金涉及品牌项目。

（四）公共服务类。包括国家现代公共服务体系示范区、国家现代公共服务体系示范项目、省级现代公共文化服务体系示范县、符合政府向社会力量购买公共文化服务示范项目名录，民办演艺机构、民办博物馆、民办图书馆、民办文化馆、民办美术馆等。中国民间艺术之乡、四川省民间艺术之乡、"百千万"重大群众文化活动、四川省广场舞比赛（展演）活动等重大品牌项目。

（五）交流推广类。包括中国（四川）大熊猫文化旅游周、中国（四川）国际旅游投资大会、四川国际旅游交易博览会、四川国际文化旅游节、四川乡村文化旅游节、四川国际自驾游交易博览会、四川（甘孜）山地旅游节、四川冰雪和温泉旅游节、宣传营销等重大品牌项目。

（六）市场管理类。包括国家 AAAAA 级旅行社、五星级旅游饭店、金鼎级文化主题旅游饭店、金树叶级绿色旅游饭店等品牌项目。

（七）其他重大品牌类。包括获得天府旅游名县、国家全域旅游示范区、AAAAA 级景区、国家级度假区、国家生态旅游示范区、乡村文化和旅游能人等品牌项目。

四、工作重点

（一）全面落实省委省政府重大决策部署。对《中共四川省委　四川省人民政府关于大力发展文旅经济加快建设文化强省旅游强省的意见》中已明确的国家级文化或旅游产业领域示范园区（基地）、国家全域旅游示范区、AAAAA 级景区、国家级度假区、国家生态旅游示范区等品牌，按认定、获奖等资格享受相应金额奖补。

（二）强化有关专项财政资金项目对接。对天府旅游名县、四川省文化旅游融合示范项目、政府向社会力量购买公共文化服务示范项目和四川省音乐产业发展专项资金涉及支持的品牌项目，需依据具体项目资金申报或管理办法，按规定程序进行品牌奖补。四川艺术基金按照其章程规定对涉及的品牌项目进行支持。

（三）制定专项品牌项目年度工作计划和预算计划。除《中共四川省委四川省人民政府关于大力发展文旅经济加快建设文化强省旅游强省的意见》中已明确的品牌奖补项目，以及有关专项财政资金涉及的品牌项目外，其他项目应按有关规定制定 3～5 年工作计划和预算计划，明确支持项目数量和资金额度。

（四）建立健全品牌激励资金申报制度。文化和旅游厅联合财政厅组织开展品牌激励资金申报工作，编制项目申报指南，指导申报单位填写并提交申请表及相关申报材料。已明确奖补额度的、获取国家级品牌荣誉的项目，直接依据有关文件公布结果进行确认。申报补助类文旅品牌项目应加强项目库建设。

（五）完善品牌激励资金项目审核机制。市（州）级文化和旅游行政主管部门负责组织本辖区内品牌项目的初审，与同级财政部门联合报文化和旅游厅、财政厅审核。省属项目直接报文化和旅游厅审核。文化和旅游厅、财政厅负责按规定组织审核或第三方评审。相关专项资金另有管理办法的，按其规定执行。

（六）做好拟奖补品牌项目公示和资金下达工作。对按规定程序拟奖补的项目进行公示，并向申报单位发送公示提醒。无需公示的奖补项目、经公示无异议或异议不成立的激励项目，按规定程序下达或拨付奖补资金。

（七）加强品牌激励资金支持项目监督力度。品牌激励资金接受纪检监察、财政、审计、行业主管部门等单位的监管，组织开展多种形式的项目资金监督检查。落实项目责任制度，地方各级文化和旅游部门、财政部门要严格执行项目资金专人管理、专账核算、专款专用的管理制度。建立健全项目信息反馈机制。

（八）做好品牌激励资金项目绩效评价工作。地方各级文化和旅游行政主管部门、财政部门要按全面实施预算绩效管理的有关规定，对奖补资金实行跟踪管理，组织申报单位开展奖补项目绩效自评，绩效复核和评价。评价结果作为完善文化和旅游品牌激励资金分配制度的重要参考依据。

五、保障落实

（一）加强组织领导。各级文化和旅游行政主管部门、财政部门要高度重视文化和旅游品牌激励资金申报、管理、使用工作，以高度的责任感，周密部署安排，分解任务，落实责任，扎实做好各项工作，为打造四川文旅品牌，为财政支持文旅发展提供强有力的组织保障。

（二）坚持实事求是。申报单位提供的相关申报信息和资料，应实事求是、客观真实。对骗取、套取品牌项目奖补资金等违规行为的，收回相应奖补资金，取消申报单位后 3 年的品牌激励资金申请资格。

（三）强化协调配合。文旅品牌各子项目工作计划编制部门和预算编制部门要增进沟通、加强配合、形成共识。按照统一的工作部署和时间要求，结合工作内容和本部门实际，提早谋划，抓紧编制详细的年度工作计划和预算计划，确保按时高质量完成。

（四）注重经验总结。各级文化和旅游行政主管部门、财政部门要认真总结经验，找准存在问题，及时对发现的问题进行整改并将有关情况反馈上级文化和旅游、财政部门。对编制部门文旅品牌项目滚动预算的流程、方法和模式进行检验和探索，共同研究解决方法，不断完善政策措施，提升财政资金使用效率，确保达到预期目标。

本办法确定的激励对象、内容和额度等，上级另有新的政策规定，按其规定执行。

本办法自发布之日起施行，有效期五年，由文化和旅游厅、财政厅负责解释。

10 《四川省"十大"文化旅游品牌建设方案（2021—2025 年）》

为贯彻落实省委省政府《关于大力发展文旅经济加快建设文化强省旅游强省的意见》精神，持续打造"天府三九大·安逸走四川"金字招牌，促进文化旅游深度融合高质量发展，特制定本方案。

一、总体要求

（一）总体思路。

坚持以习近平新时代中国特色社会主义思想为指导，贯彻省委省政府建设文化强省旅游强省的决策部署和 2020 全省文化和旅游发展大会精神，围绕推动文旅经济转型升级，以文化和旅游供给侧结构性改革为主线，以全域旅游理念为引领，聚焦资源范围、产品、线路、项目和推广，整合优势特色资源，持续开展"对内注重提品质、对外注重美誉度"管理服务质量提升行动，发挥精品景区的核心带动作用，培育形成新的国家级和区域级文化旅游品牌，打造世界级文化旅游品牌，构建多层级、宽领域、特色化、多样化的文旅品牌体系，推动巴蜀文化影响力、四川旅游吸引力、文旅产品供给力、文旅产业竞争力整体提升，促进文化强省、旅游强省和世界重要旅游目的地建设。

（二）基本原则。

坚持核心引领、全域提升。以重点产品、重大项目为抓手，做强做大核心增长极，进一步发挥龙头景区的辐射带动作用，促进区域文化旅游空间协同、一体化发展。

坚持区域联动、协同共建。树立"一盘棋"思维，整体谋划，强化区域资源整合联动，以点串线、以线成带、以带促面，提升区域整体竞争力，形成布局合理、优势互补、各具特色的协调发展格局。

坚持文旅融合、齐头并进。以文塑旅、以旅彰文，宜融则融、能融尽融，打造具有鲜明时代特征、巴蜀特色和地域特点的文化旅游业态和产品，推动文化旅游相互渗入、互为支撑、共同发展。

坚持科学利用、绿色发展。严守生态保护红线、环境质量底线、资源利用上线，合理开发利用文化旅游资源，处理好资源保护和开发利用关系，实现生态效益、经济效益、社会效益相互促进、共同提升。

（三）总体目标。

聚焦巴蜀文化特色底蕴和文旅资源核心价值，将全省 21 个市（州）中的 156 个县（市、区）（区划面积共计 43.1 万平方公里*、占全省 88.7%，文旅资源总量超过 21.6 万处、占全省 88%，区域旅游总收入超过 1 万亿元、占全省 91.8%）文化旅游资源进行高度整合提炼，通过深化品牌内涵、丰富产品供给、开拓精品路线、加快项目建设、大力营销推广等措施，打造大九寨、大峨眉、大熊猫、大香格里拉、大贡嘎、大竹海、大灌区、大蜀道、大遗址、大草原等"十大"文旅品牌。

到 2022 年，基本构建起"4＋4＋2"的品牌体系，大九寨、大峨眉、大熊猫、大遗址建成世界级文旅品牌，在国际市场具有较高的知名度和市场占有率；大香格里拉、大贡嘎、大竹海、大蜀道建成国家级文旅品牌，在国内市场具有较强的吸引力和辨识度；大灌区、大草原建成区域特色文旅品牌，核心吸引力和竞争力明显增强。

到"十四五"末，"十大"文旅品牌体系基本完备，在国内外市场具有较强的影响力、竞争力和较高的知名度、美誉度，品牌价值进一步提升，有力支撑"天府三九大·安逸走四川"文旅总品牌，充分带动全省文化旅游深度融合高质量发展，促进文化强省、旅游强省和世界重要旅游目的地建设。

---

* 1公里＝1千米。

二、主要任务

（一）深化品牌内涵。

大九寨注重深化"童话世界·人间仙境"品牌形象，建成单一观光景区向全域旅游目的地转变的样板、世界自然遗产保护与开发的典范。大峨眉注重提升"佛国仙山、东坡故里、禅茶圣地"品牌形象，建成世界文化和自然遗产保护利用高地、中华禅茶康养旅游目的地、国际文旅博览会议会展首选地。大熊猫注重优化"探寻熊猫家园，乐享川人生活"品牌形象，建成世界濒危动物保护与科技创新示范高地，人与动物、城市与自然和谐共生的"生命共同体"典范，世界生态价值实现、生态教育展示的样板。大遗址注重强化"文明之源、古蜀奇迹"品牌形象，建成世界古文明研究高地，世界一流、四季多元、宜游宜居的国际山地休闲度假旅游目的地，全国最具知名度和影响力的红色旅游目的地。大香格里拉注重塑造"高原秘境、自驾天堂"品牌形象，打造世界人与自然和谐共处的典范、我国民族文化保护与发展的示范区、中国生态旅游发展新高地、国际知名的自然生态和康巴文化旅游目的地。大贡嘎注重塑造"世界云端秘境、东方户外天堂"品牌形象，建成世界户外登山探险圣地、世界极高山山地生态旅游典范和中国藏彝民族文化走廊重要展示窗口。大竹海注重塑造"碧波万顷、蜀南清韵"品牌形象，打造竹文化和生态价值转化的典范，竹文化旅游产业全方位、全链条发展的样本，国际竹生态文化旅游胜地。大蜀道注重塑造"关山驿路、天险蜀道"品牌形象，建成秦巴山片区文旅融合产业发展示范走廊和中国南、北陆上丝绸之路的连接纽带。大灌区注重培育"水润天府、诗画田园"品牌形象，打造水利文化传承创新发展的典范、农耕文明与现代文化相融合的样本、彰显天府文化的国际乡村旅游目的地。大草原注重塑造"中国最美湿地草原"品牌形象，建设黄河上游生态文明和民族团结进步高地、国际高原湿地草原生态旅游目的地。

（二）丰富产品供给。

突出系统谋划、鲜明主题特色，大力丰富"十大"文旅品牌产品供给。大九寨品牌重点依托九寨沟、黄龙，发展世界遗产观光、雪山草原生态观光休闲和藏羌文化体验产品。大峨眉品牌重点依托峨眉山、瓦屋山、三苏祠，发展世界遗产观光度假、佛禅文化和东坡文化体验产品。大熊猫品牌重点依托卧龙、碧峰峡、唐家河，发展生态文化体验、教育科普和休闲度假产品。大遗址品牌重点依托三星堆、罗家坝，发展古蜀和古巴文化体验、研学产品。大香格里拉品牌重点依托稻城亚丁、泸沽湖，发展高原生态观光、康巴文化和摩梭风情体验产品。大贡嘎品牌重点依托海螺沟、木格措，发展山地户外运动、休闲度假产品。大竹海品牌重点依托蜀南竹海、沐川竹海，发展竹文化体验、竹生态度假和竹美食体验产品。大蜀道品牌重点依托剑门蜀道、阆中古城，发展蜀道文化体验和大巴山生态康养产品。大灌区品牌重点依托都江堰、东风堰，发展水利文化研学、天府农耕文化体验和天府田园度假产品。大草原品牌重点依托川西北大草原，发展草原生态休闲、民族文化体验产品。

（三）开拓精品线路。

构建"7+72+N"的"十大"文旅品牌精品线路体系。联合周边省（区、市）重点打造巴蜀文化之旅、大熊猫国家公园之旅、长征国家文化公园之旅、中国大香格里拉之旅、竹海丹霞之旅、蜀道文化之旅、黄河探源文化之旅等7条国家级文旅精品线路。联动推出大九寨世界遗产国际旅游线、峨眉山·乐山大佛世界遗产观光旅游线、大熊猫国际生态旅游线、环亚丁原生态秘境观光旅游线、大贡嘎国际生态精品旅游环线、竹文化体验旅游线、水利文化研学体验旅游线、蜀道三国文化体验旅游线、古蜀文明寻踪旅游线、最美湿地草原落地自驾旅游线等72条精品主题线路。细分消费者市场群体，针对不同区域、不同年龄、不同需求的消费者群体，推出"N"条主题类、定制型的多日游、特色游精品线路。

（四）加快项目建设。

建设"十大"文旅品牌项目库，重点策划包装招引一批标志性、示范性、引领性的重大文旅项目，争取纳入省、市重点建设项目，加快推进项目落地开工、建成投用。

充分运用文化和旅游资源普查成果，培育一批高品质大景区，力争每个品牌至少有1个国家级旅游度假区。大力推进曾家山、巴山云顶、中国死海等14个度假区创建国家级旅游度假区，福宝、观音湖等52个度假区创建省级旅游度假区，蜀南竹海、泸沽湖等19个景区创建国家AAAAA级旅游景区，赵化古镇、神仙池等31个景区创建国家AAAA级旅游景区，达古冰山、莲宝叶则等14个旅游区创建国家生态旅游示范区，虎牙、彝海等20个旅游区创建省级生态旅游示范区。

积极推进文化旅游公共服务设施建设。重点新建、提升古蜀文化遗址博物馆、巴文化遗址博物馆等55个博物馆（纪念馆、陈列馆），三星堆国家考古遗址公园等10个考古遗址公园，四川省文化旅游中心等4个文艺展演剧场，眉山青神竹编体验基地等25个非遗传承体验基地。完善旅游厕所、旅游标识标牌、自驾车营地、旅游咨询服务中心、智慧旅游等公共服务设施，提高旅游公共服务便利化、智能化水平。

完善"飞机＋高铁＋高速＋景区道路"立体化综合旅游交通网络，推进城市交通站点与景区无缝对接，进一步提升可达性和便捷性。加强国道、省道、区域农村公路沿线自然风貌和人文景观建设，打造一批旅游风景道、旅游公路，进一步扩大"慢游"旅游交通网络的覆盖范围。

（五）大力营销推广。

着力构建全省文旅宣传推广大格局。在"智游天府"文化和旅游公共服务平台开设"十大"文旅品牌专区。结合巴蜀文旅全球推广计划、中国（四川）大熊猫文化旅游周、中国成都国际非物质文化遗产节、四川国际文化旅游节和四川国际旅游交易博览会等活动，多渠道、全方位、立体化宣传推广"十大"文旅品牌。

实施全媒体营销。整合广播、电视、网站、音像、电影、出版、报纸、杂志等各类媒介宣传优势，运用5G、超高清显示、人工智能、增强现实/虚拟现实、交互式页面、沉浸式高新视频等新技术，通过微博、微信、短视频、手游、动画、网络直播等手段，积极构建多元、立体、精准、高效、全面的"十大"文旅品牌宣传营销体系。

创作文艺精品。实施主题文艺精品创作计划，鼓励支持国内外优秀艺术家、顶尖设计师和艺术制作公司，创作一批紧扣"十大"文旅品牌的舞台艺术、影视剧作精品，力争每个品牌至少打造一个有较强影响力的演艺项目。

举办特色节事活动。提升数字国际熊猫节、巴人文化艺术节、大蜀道文化旅游节、四川甘孜山地旅游节等特色节事活动的知名度和影响力。创新举办学术研讨会、文艺展览展演、文创产品设计大赛、美食节、体育赛事等各类节事活动。

深化区域合作，协同整体营销。充分发挥"十大"品牌文旅发展联盟作用，整合政府机关、文旅企业、行业协会、科研机构对外宣传推广力量，跨区域、跨行业、跨部门联合开展形式多样的宣传推广活动。

三、保障措施

（一）完善推进机制。

文化和旅游厅牵头负责全省"十大"文旅品牌建设工作，依据本方案科学制定10个文旅品牌建设子方案，加强对市（州）、县（市、区）工作指导力度，协调省直有关部门（单位）切实解决工作中的困难问题，扎实推进"十大"文旅品牌建设工作。各市（州）、县（市、区）是"十大"文旅品牌建设工作的责任主体，要把品牌建设工作放在突出位置重点谋划，结合实际制定细化实施方案，一以贯之抓好落实。省直有关部门（单位）单位要结合职责密切配合，共同推进"十大"文旅品牌建设工作。

（二）加强政策保障。

各地要强化"投资唱主角"思路，坚持"大抓项目、抓大项目"，按照事权和支出责任主体，完善投入机制和激励政策措施，统筹整合现有资金渠道，在符合资金使用条件的前提下，重点支持"十大"文旅品牌建设。依法依规落实国家支持文化建设和旅游发展的有关税收优惠政策。对获得国家级和省级荣誉、发挥示范性作用的重点文旅项目在资金安排上予以倾斜支持。通过举办"十大"文旅品牌项目招商引资专项活动、金融对接专场活动，积极协调各类文旅产业基金、引导社会资本与优质文旅项目对接，采取政府和社会资本合作（PPP）、贷款贴息等方式，鼓励各类资本参与"十大"文旅品牌建设。

对符合相关规划的"十大"文旅品牌项目依法依规及时安排新增建设用地计划指标。在符合生态环境保护要求和相关规划的前提下，大力发展文旅新业态，积极探索实施点状供地，支持使用未利用土地、废弃地等保障项目建设合理用地需求。

支持"十大"文旅品牌建设成效突出的市（州）、县（市、区）创建A级旅游景区、旅游度假区、生态旅游示范区、全国乡村旅游重点村、文物保护利用示范区、考古遗址公园、国家一二级博物馆、文化或旅游产业领域示范园区（基地）、文化和旅游消费试点（示范）城市等国家、省级重点旅游品牌。

（三）强化人才支撑。

实施"十大"文旅品牌人才队伍建设计划，加大对文化创意、文物保护、商务会展、赛事策划实施、康养、研学等领域的"文旅＋"复合型人才和文旅项目策划、产品开发、资本运作、市场营销、智慧旅游、乡村旅游等文旅紧缺人才的招引和培养力度。大力发展文化和旅游职业教育，鼓励政府、企业和高校建立文旅人才培养培训联动机制。推出互联网在线课堂，持续开展"十大"文旅品牌建设专题培训。